CADERNO DO FUTURO

Simples e prático

Matemática

2º ano
ENSINO FUNDAMENTAL

4ª edição
São Paulo – 2022

Coleção Caderno do Futuro
Matemática 2º ano
© IBEP, 2022

Diretor superintendente Jorge Yunes
Gerente editorial Célia de Assis
Editora Mizue Jyo
Colaboração Carolina França Bezerra
Revisão Pamela P. Cabral da Silva
Ilustrações Ilustra Cartoon, Shutterstock, Laureni Fochetto, Mariana Matsuda
Produção gráfica Marcelo Ribeiro
Assistente de produção gráfica William Ferreira Sousa
Projeto gráfico e capa Aline Benitez
Diagramação Gisele Gonçalves

Dados Internacionais de Catalogação na Publicação (CIP) de acordo com ISBD

P289c
    Passos, Célia

    Caderno do Futuro: Matemática / Célia Passos, Zeneide Silva. - São Paulo : IBEP - Instituto Brasileiro de Edições Pedagógicas, 2022.
    112 p. : il. ; 24cm x 30cm. – (Caderno do Futuro ; v.2)

    Inclui índice.
    ISBN: 978-65-5696-292-4 (aluno)
    ISBN: 978-65-5696-293-1 (professor)

    1. Ensino Fundamental Anos Iniciais. 2. Livro didático. 3. Matemática. 4. Astronomia. 5. Meio ambiente. 6. Seres Vivos. 7. Materiais. 8. Prevenção de doenças. I. Silva, Zeneide. II. Título. III. Série.

                                      CDD 372.07
2022-2790   CDU 372.4

Elaborado por Vagner Rodolfo da Silva - CRB-8/9410
Índice para catálogo sistemático:
1. Educação - Ensino fundamental: Livro didático 372.07
2. Educação - Ensino fundamental: Livro didático 372.4

Impressão Leograf - Maio 2024

4ª edição - São Paulo - 2022
Todos os direitos reservados.

Rua Gomes de Carvalho, 1306, 11º andar, Vila Olímpia
São Paulo – SP – 04547-005 – Brasil – Tel.: (11) 2799-7799
www.editoraibep.com.br

SUMÁRIO

BLOCO 1 • Revisão 4
NÚMEROS NATURAIS ATÉ 100
Unidades e dezenas
Leitura dos números
Decomposição
Adição e subtração

BLOCO 2 • Geometria 13
LOCALIZAÇÃO E MOVIMENTAÇÃO
Direção e sentido
Mudanças de direção
Trajetos e mudanças de direção
Esboço ou croqui

BLOCO 3 • Números 18
MATERIAL DOURADO
Unidades, dezenas e centenas
Adição e subtração usando Material Dourado

BLOCO 4 • Números 22
ADIÇÃO E SUBTRAÇÃO
Adição com reagrupamento
Verificação da adição
Subtração com desagrupamento
Verificação da subtração
Problemas

BLOCO 5 • Geometria 33
FIGURAS GEOMÉTRICAS PLANAS
Triângulo, quadrado, retângulo, círculo
SÓLIDOS GEOMÉTRICOS
Cubo, bloco, esfera, cone, cilindro, pirâmide

BLOCO 6 • Números 36
Números pares e números ímpares

BLOCO 7 • Números 39
NÚMEROS NATURAIS ATÉ 1 000
Centenas exatas até 900
Composição e decomposição de números
Adição e subtração
Reta numérica

BLOCO 8 • Números 47
MULTIPLICAÇÃO DE NÚMEROS NATURAIS
Adição de parcelas iguais
Disposição retangular
Problemas

BLOCO 9 • Pensamento algébrico 57
SEQUÊNCIAS
Sequências repetitivas
Sequências recursivas
Sequências numéricas

BLOCO 10 • Grandezas e medidas 61
NOSSO DINHEIRO
Cédulas e moedas
Situações de compra e troco

BLOCO 11 • Números 64
DIVISÃO DE NÚMEROS NATURAIS
Dobro
Metade
Triplo
Terça parte
Problemas

BLOCO 12 • Grandezas e medidas 76
MEDIDAS DE TEMPO
O relógio
As horas e os minutos
Passagem do tempo
Intervalo entre duas datas

BLOCO 13 • Grandezas e medidas 82
MEDIDAS DE COMPRIMENTO
O centímetro
O milímetro
O metro
MEDIDAS DE CAPACIDADE
O litro e o mililitro
MEDIDAS DE MASSA
O quilograma e o grama

BLOCO 14 • Probabilidade e estatística 89
Provável, improvável ou impossível?
Tabelas e gráficos

Material de apoio 93

Bloco 1: Revisão

CONTEÚDO

NÚMEROS NATURAIS ATÉ 100
- Unidades e dezenas
- Leitura dos números
- Decomposição
- Adição e subtração

NÚMEROS NATURAIS ATÉ 100

Unidades e dezenas

> 9 unidades + 1 unidade = 1 dezena
> Dezenas ⟶ grupos de 10

1. Responda.
   Quantas dezenas? Quantas unidades?

 Dez

☐ dezena ou ☐ unidades.

 Vinte

☐ dezenas ou ☐ unidades.

Trinta
☐ dezenas ou ☐ unidades.

Quarenta
☐ dezenas ou ☐ unidades.

Cinquenta
☐ dezenas ou ☐ unidades.

Sessenta
☐ dezenas ou ☐ unidades.

Setenta
☐ dezenas ou ☐ unidades.

Oitenta
☐ dezenas ou ☐ unidades.

Noventa
☐ dezenas ou ☐ unidades.

4

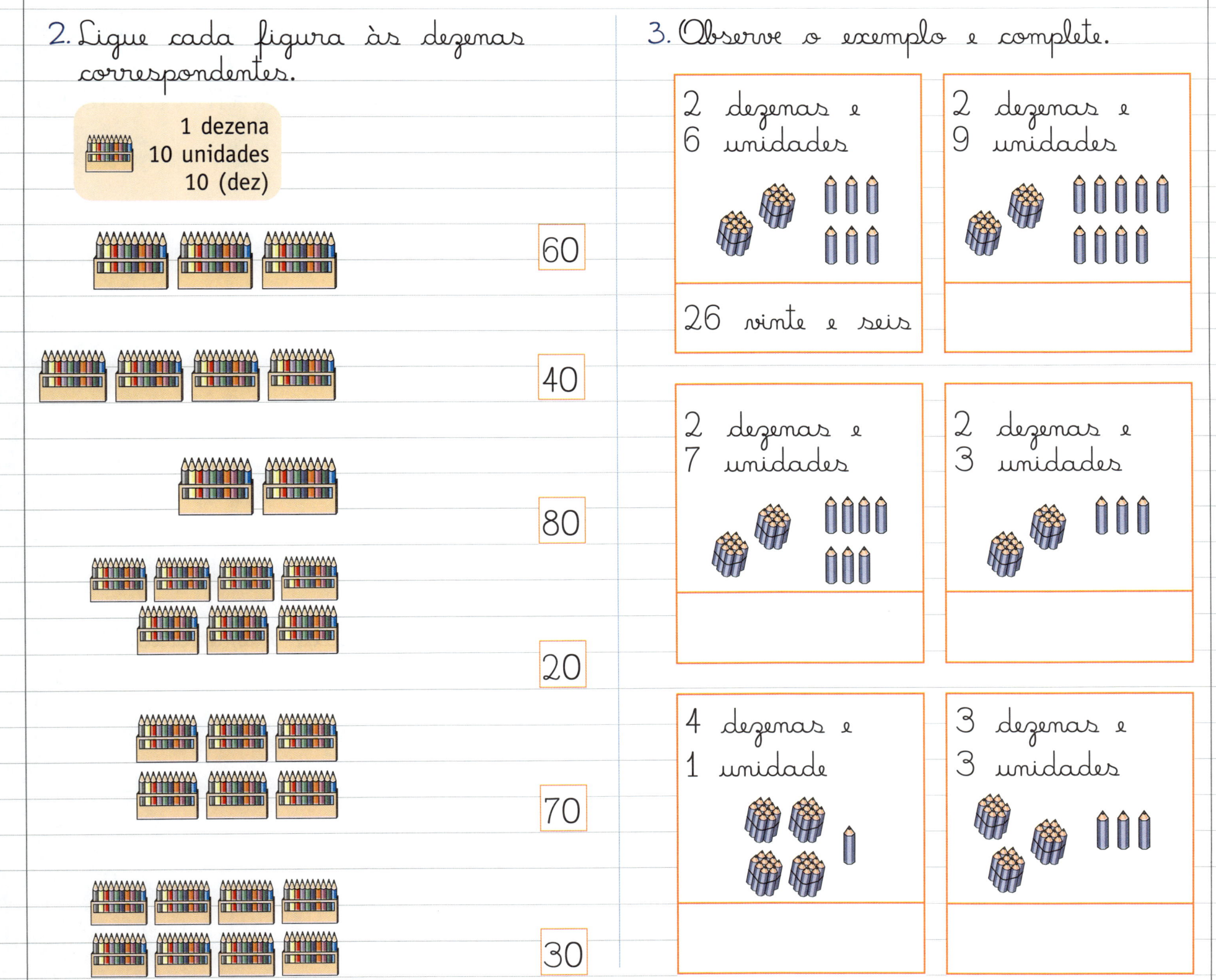

4. Represente os números correspondentes a:

2 dezenas e 4 unidades → ☐

2 dezenas e 1 unidade → ☐

2 dezenas e 6 unidades → ☐

2 dezenas e 8 unidades → ☐

2 dezenas e 5 unidades → ☐

2 dezenas e 3 unidades → ☐

2 dezenas e 9 unidades → ☐

2 dezenas e 2 unidades → ☐

2 dezenas e 7 unidades → ☐

5. Faça de acordo com o exemplo.

35 = 3 dezenas + 5 unidades = 10 + 10 + 10 + 5

31 =

30 =

37 =

39 =

33 =

36 =

6. Complete as retas numéricas.

30 31 ☐ ☐ ☐ ☐ ☐ 38 ☐

40 41 42 ☐ ☐ ☐ ☐ ☐ ☐ ☐

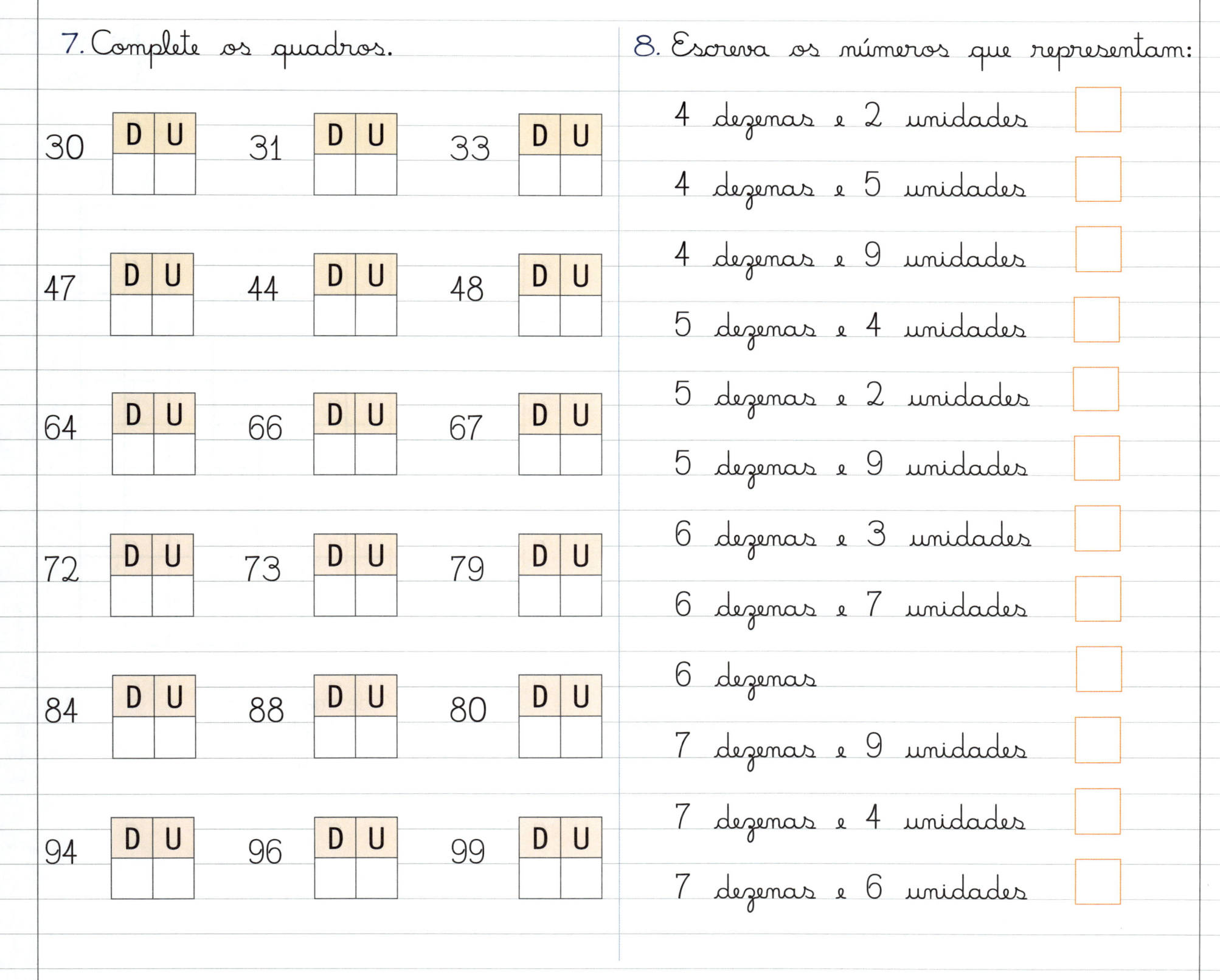

9. Faça de acordo com o exemplo.

84 = 8 dezenas + 4 unidades

81 =

88 =

83 =

87 =

89 =

98 =

94 =

96 =

97 =

99 =

90 =

10. Pinte os quadradinhos até formar 9 dezenas. Cada quadradinho vale 1 unidade.

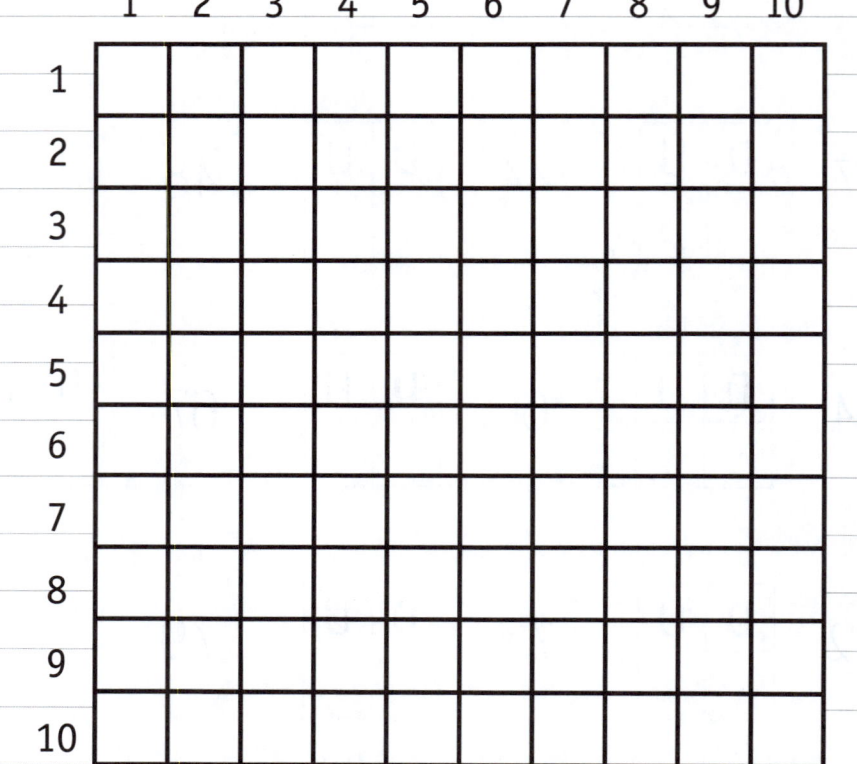

9 dezenas
90 unidades
(noventa)

Leitura dos números

11. Escreva por extenso.

55	74
57	77
59	71
53	89
66	86
69	83
65	80
67	82
62	95
70	99
78	94
	91
	96

12. Complete o quadro de 1 a 100.

1									
					16				
	22								30
41				45					
		63							
						77			
			84						
	92								100

13. Complete o que falta neste quadro.

55				59
		67		69
		77	78	79
85		87		89

Decomposição

14. Complete de acordo com o exemplo.

24 = 2 dezenas + 4 unidades = 10 + 10 + 4

22 =

28 =

26 =

20 =

23 =

15. Faça de acordo com o exemplo.

35 = 3 dezenas + 5 unidades = 10 + 10 + 10 + 5

31 =

30 =

37 =

16. Complete de acordo com o exemplo.

42 = 4 × 10 + 2

39 =

48 =

55 =

57 =

63 =

66 =

70 =

75 =

77 =

83 =

96 =

Adição e subtração

17. Faça o que se pede.

a) Efetue as adições.

20 + 2 = ☐   20 + 1 = ☐

23 + 3 = ☐   21 + 2 = ☐

24 + 5 = ☐   25 + 3 = ☐

22 + 2 = ☐   28 + 1 = ☐

23 + 4 = ☐   23 + 2 = ☐

b) Efetue as subtrações.

28 − 6 = ☐   27 − 3 = ☐

23 − 2 = ☐   28 − 5 = ☐

22 − 2 = ☐   29 − 2 = ☐

25 − 1 = ☐   26 − 5 = ☐

27 − 2 = ☐   29 − 1 = ☐

18. Efetue as adições.

```
  25        30        28
+ 24      + 19      + 21
----      ----      ----
□         □         □

  40        27        30
+  8      + 21      + 18
----      ----      ----
□         □         □

  20        23        40
+ 20      + 23      +  5
----      ----      ----
□         □         □
```

19. Faça o que se pede.

a) Efetue as adições.

8 + 2 = □   48 + 2 = □

18 + 2 = □   58 + 2 = □

28 + 2 = □   68 + 2 = □

38 + 2 = □   78 + 2 = □

b) Efetue as subtrações.

77 − 2 = □   37 − 2 = □

67 − 2 = □   27 − 2 = □

57 − 2 = □   17 − 2 = □

20. Efetue as adições.

```
  40        20        30        60
+ 10      + 50      + 40      + 20
----      ----      ----      ----
□         □         □         □
```

20 + 20 = □   10 + 20 = □

10 + 30 = □   20 + 30 = □

40 + 20 = □   20 + 10 = □

40 + 40 = □   30 + 30 = □

50 + 30 = □   10 + 60 = □

Bloco 2: Geometria

CONTEÚDO

LOCALIZAÇÃO E MOVIMENTAÇÃO
- Direção e sentido
- Mudanças de direção
- Trajetos e mudanças de direção
- Esboço ou croqui

LOCALIZAÇÃO E MOVIMENTAÇÃO

Direção e sentido

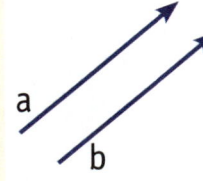 As retas **a** e **b** seguem a mesma direção e o mesmo sentido

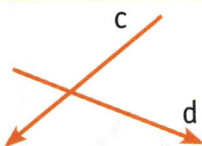 As retas **c** e **d** seguem direções diferentes.

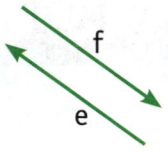 As retas **e** e **f** seguem a mesma direção e sentidos contrários.

Beto e Carina estão pedalando na **mesma direção**, no **mesmo sentido**.

Ana e Carina estão pedalando em **direções diferentes**.

Carina e Dani estão pedalando na **mesma direção**, em **sentidos contrários**.

1. Observe a figura e responda.

a) As crianças A e B caminham na mesma direção?

b) As pessoas D e E caminham na mesma direção?

c) As pessoas C e E caminham no mesmo sentido?

d) O garoto E e seu cachorro seguem no mesmo sentido?

e) Quem segue em sentido contrário a D?

f) Quem segue na mesma direção?

Trajetos e mudanças de direção

O trajeto é o caminho, o percurso que você faz de um lugar a outro.

Por exemplo, o trajeto da sua casa até a escola é o caminho que você percorre desde que sai de casa até chegar à escola.

2. Veja o mapa do trecho de um bairro. Complete.

Ilustra Cartoon

a) João mora no cruzamento da Rua _____ com a Avenida _____.

b) Maria mora no cruzamento da Rua _____ com a Avenida _____.

c) Trace no mapa um caminho que João pode fazer até a casa de Maria.

d) Descreva um caminho que Maria pode fazer para chegar à casa de João.

e) No trajeto que você descreveu, quantas vezes Maria mudará de direção?

15

3. Observe novamente o mapa.

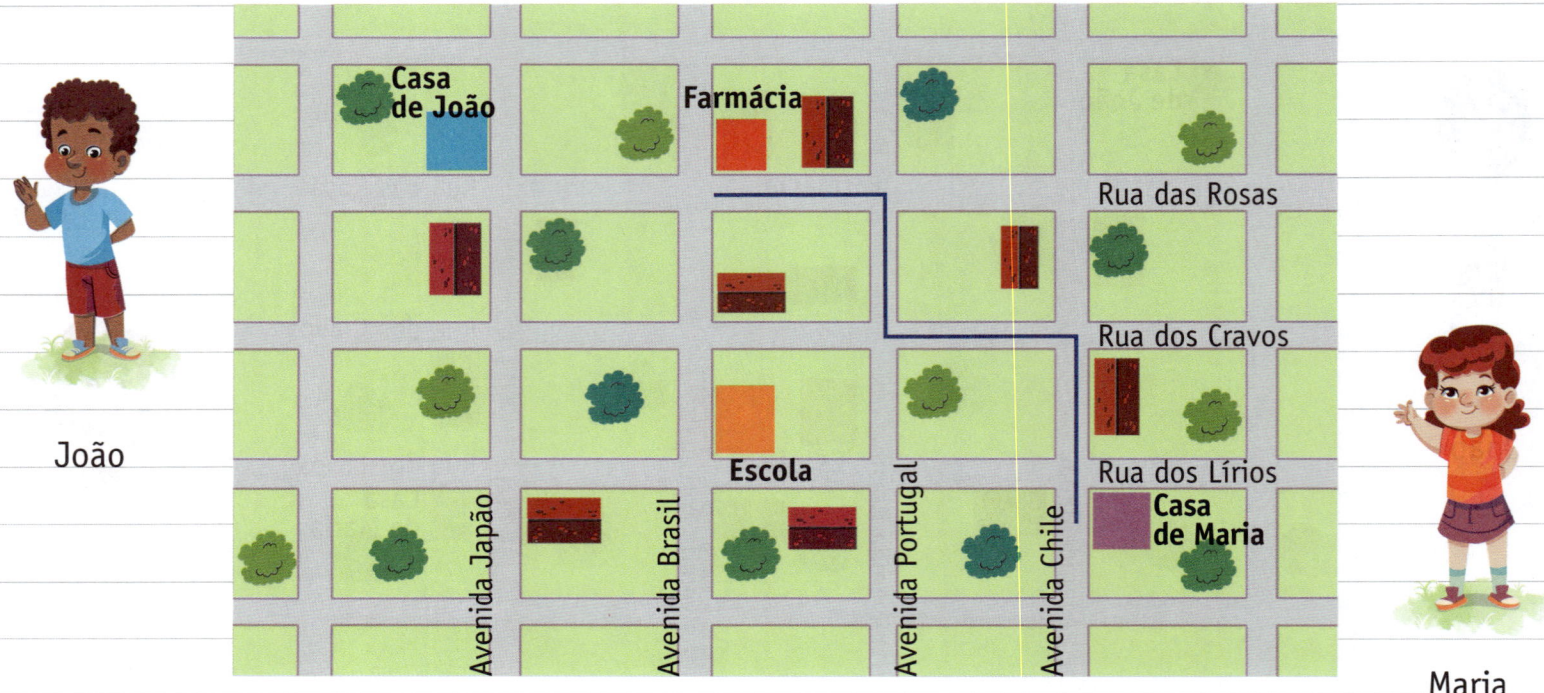

a) Tracemos em azul um caminho que Maria fez para ir até a farmácia. Nesse trajeto, quantas vezes ela mudou de direção?

b) No mapa, desenhe um trajeto que João pode fazer para ir até a escola.

c) Desenhe também um caminho que Maria pode fazer para ir para a escola. Qual dos caminhos é mais longo?

Esboço ou croqui

Veja o esboço do mapa que João fez do trajeto que faz de casa para chegar à escola.

4. Desenhe um esboço do mapa de sua casa até a escola, indicando alguns pontos de referência como: semáforo, praça, farmácia, padaria etc.

Bloco 3: Números

CONTEÚDO:

MATERIAL DOURADO
- Unidades, dezenas e centenas
- Adição e subtração usando Material Dourado

MATERIAL DOURADO

Unidades, dezenas e centenas

Vamos conhecer as peças do Material Dourado.

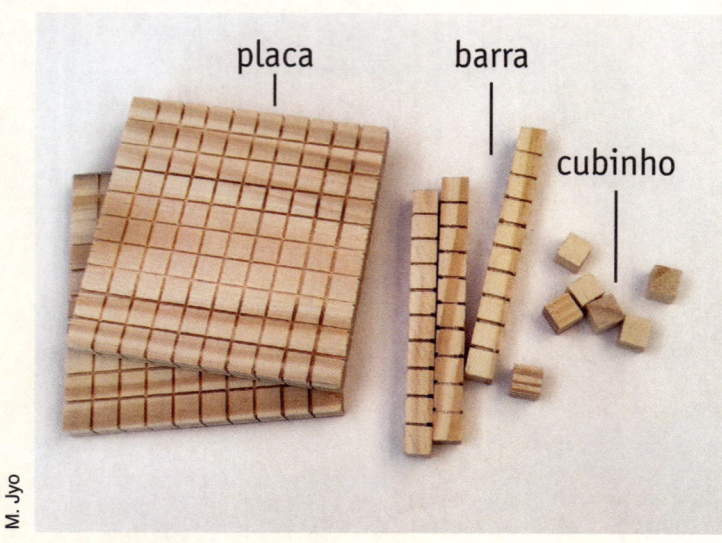

Material Dourado: placa, barra, cubinho.

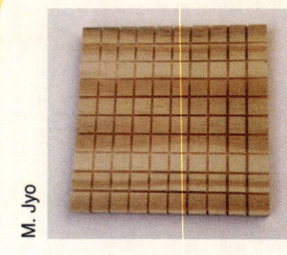 A placa representa 100 unidades.
1 centena = 100

 A barra representa 10 unidades.
1 dezena = 10

 O cubinho representa 1 unidade.

- 10 unidades formam **uma dezena**.
- 10 dezenas formam **1 centena** ou 100 unidades.

Veja como se representam os números usando peças do Material Dourado.

6 unidades

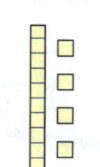
1 dezena e 4 unidades: 14

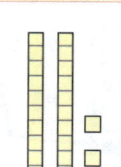
2 dezenas e 2 unidades: 22

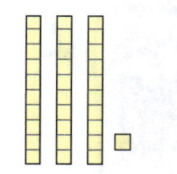
3 dezenas e 1 unidade: 31

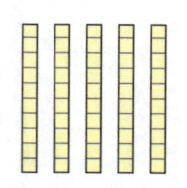
5 dezenas: 50

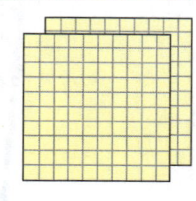
2 centenas: 200

1. Escreva que número está representado em cada quadro.

6 dezenas e 1 unidade — 61 sessenta e um

6 dezenas e 9 unidades

6 dezenas e 6 unidades

1 centena e 2 dezenas

5 dezenas e 3 unidades

2 centenas, 3 dezenas e 5 unidades

19

Adição e subtração usando Material Dourado

- Vamos fazer a adição 18 + 7.

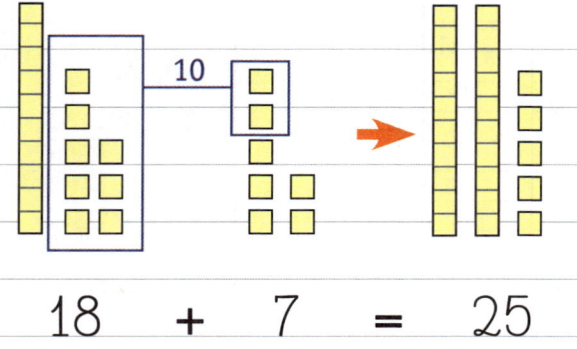

18 + 7 = 25

- Vamos fazer 14 + 8.

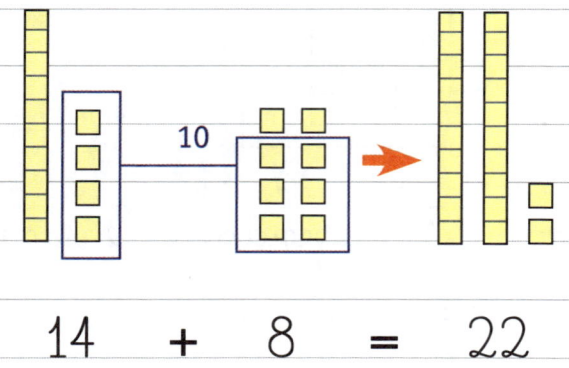

14 + 8 = 22

- Vamos fazer a subtração 14 − 5.

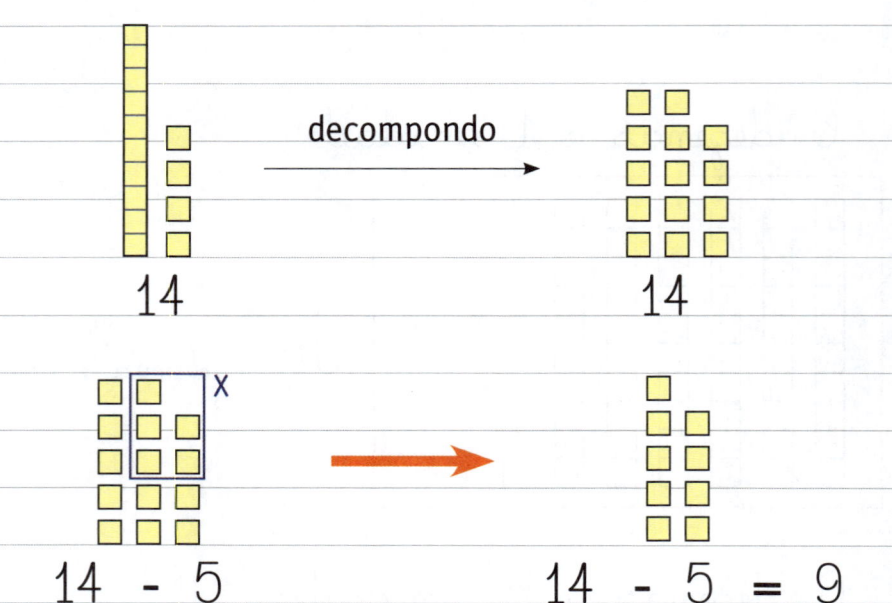

14 − 5 = 9

- Vamos fazer a subtração 20 − 4.

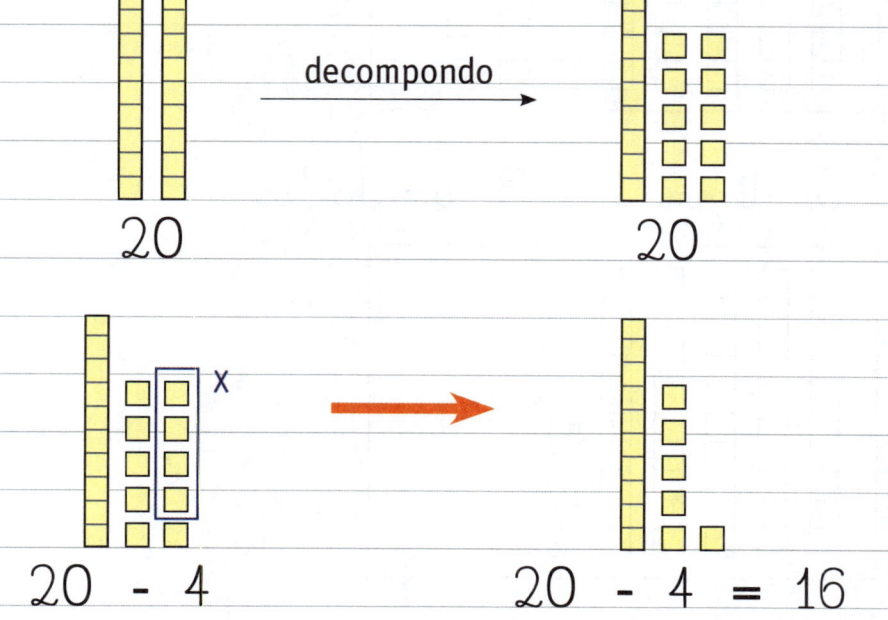

20 − 4 = 16

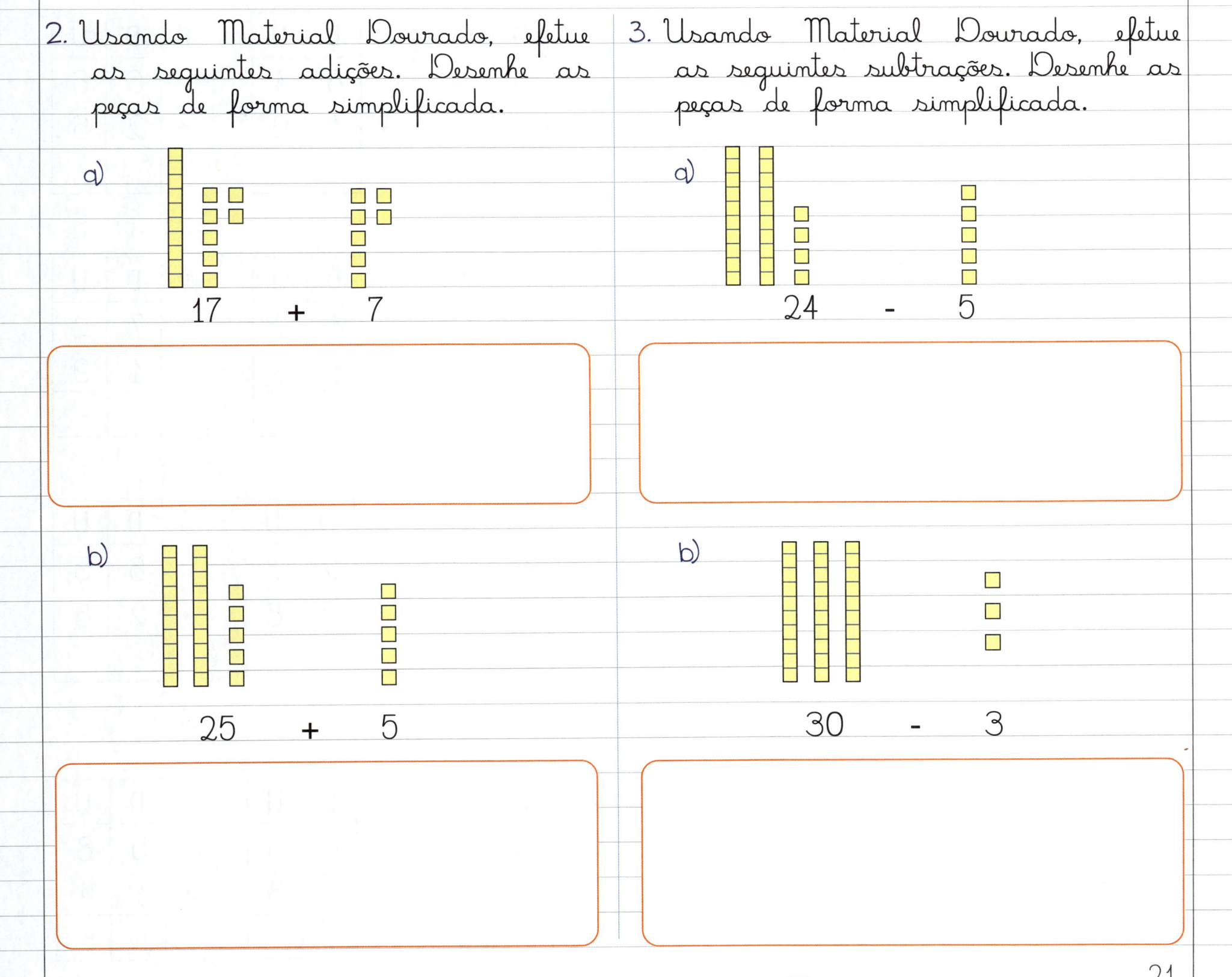

Bloco 4: Números

CONTEÚDO

ADIÇÃO E SUBTRAÇÃO
- Adição com reagrupamento
- Verificação da adição
- Subtração com desagrupamento
- Verificação da subtração
- Problemas

ADIÇÃO E SUBTRAÇÃO
Adição com reagrupamento

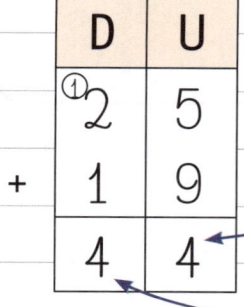

5 unidades + 9 unidades = 14 unidades.
14 = 1 dezena + 4 unidades.
Colocamos 4U na ordem das unidades e 1D vai para a ordem das dezenas.
1D + 2D + 1D = 4D
4D + 4U = 40 + 4 = 44

1. Leia a explicação e efetue as adições.

a)
D	U
5	6
+2	7

b)
D	U
3	5
+3	8

c)
D	U
4	8
+2	6

d)
D	U
5	1
+3	9

e)
D	U
6	4
+1	9

f)
D	U
6	6
+2	6

g)
D	U
4	7
+2	7

h)
D	U
4	2
+3	9

i)
D	U
7	2
+1	9

j)
D	U
4	1
+3	9

k)
D	U
2	3
+2	8

l)
D	U
6	5
+2	8

m)
D	U
5	4
+3	8

n)
D	U
6	9
+2	8

o)
D	U
5	8
+1	4

2. Complete.

5 + ☐ = 10   2 + ☐ = 10

35 + ☐ = 40   42 + ☐ = 50

8 + ☐ = 10   7 + ☐ = 10

58 + ☐ = 60   67 + ☐ = 70

3 + ☐ = 10   4 + ☐ = 10

73 + ☐ = 80   84 + ☐ = 90

4. Complete o quadro da adição.

+	0	1	2	3	4	5	6	7	8	9	10
0	0										
1		2									
2			4								
3				6							
4					8						
5						10					
6							12				
7								14			
8									16		
9										18	
10											20

3. Efetue as adições e ligue-as ao resultado correspondente:

77 + 16   92   58 + 35

54 + 38   93   24 + 19

39 + 4   43   78 + 14

5. Arme as contas no quadro e efetue as adições.

45 + 18 = ☐

D	U
4	5
1	8

+

56 + 27 = ☐

D	U

+

23

39 + 19 = ☐   35 + 46 = ☐   48 + 29 = ☐   25 + 47 = ☐

D	U

77 + 15 = ☐   69 + 18 = ☐   39 + 12 = ☐   93 + 6 = ☐

86 + 4 = ☐   62 + 8 = ☐

6. Efetue as adições.

D	U
4	6
2	7

D	U
2	8
3	3

D	U
4	7
2	5

	D	U
	5	6
+	3	6

	D	U
	2	3
+	1	7

	D	U
	3	8
+	2	4

a) 24 + 36 = ☐   b) 65 + 17 = ☐

	D	U
	3	6
+	1	4

	D	U
	4	8
+	4	5

	D	U
	4	5
+	3	7

c) 73 + 8 = ☐   d) 28 + 35 = ☐

	D	U
	5	4
+	1	8

	D	U
	6	9
+	2	1

	D	U
	4	6
+	3	9

e) 36 + 47 = ☐   f) 69 + 25 = ☐

7. Observe o exemplo e complete.

18 + 36 = **54**

$$\begin{array}{r} \overset{①}{}18 \\ +\,36 \\ \hline 54 \end{array}$$

g) 46 + 25 = ☐   h) 52 + 18 = ☐

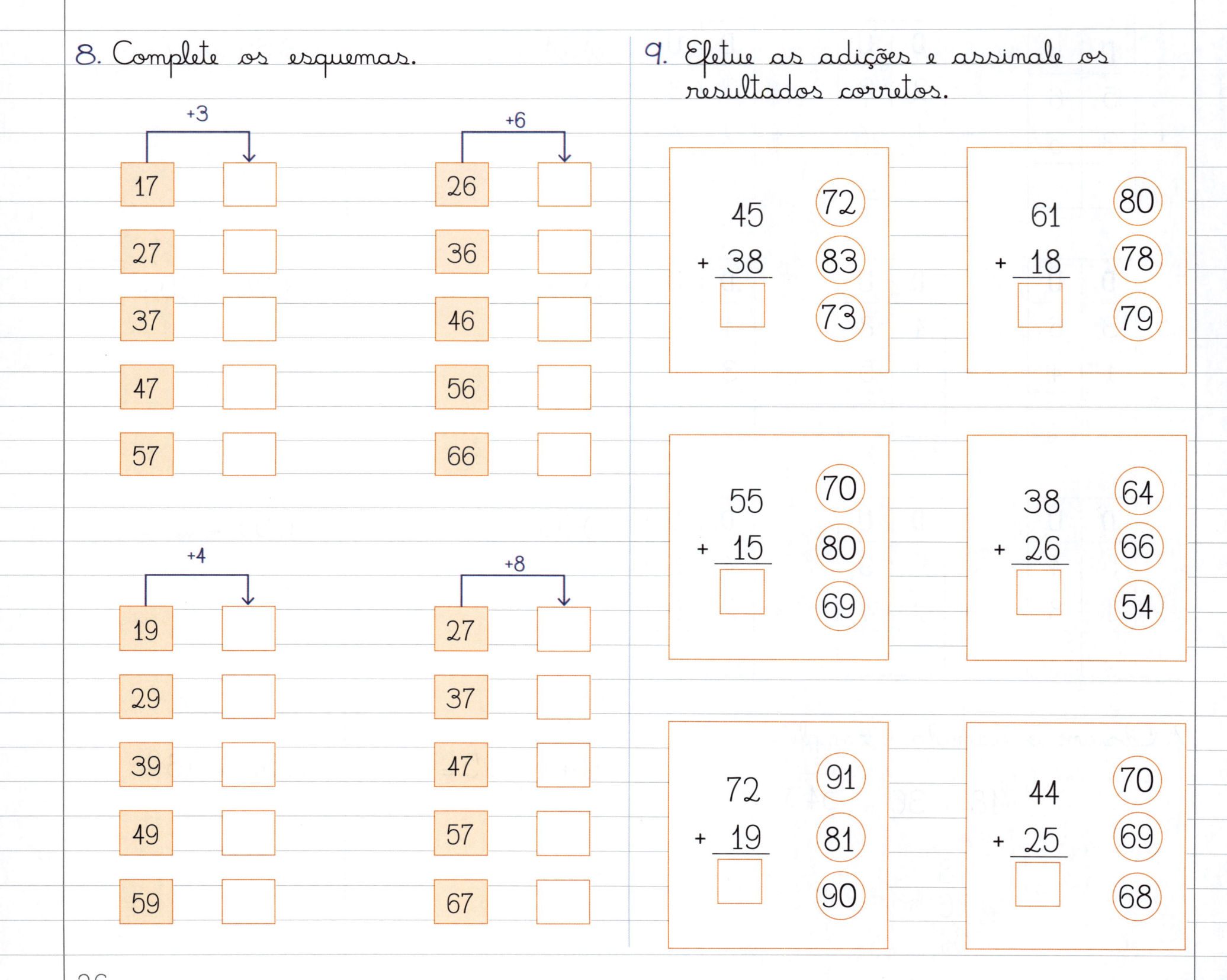

Verificação da adição

> Podemos verificar se uma adição está correta assim: invertemos a ordem das parcelas e efetuamos novamente a operação.

10. Arme e efetue as adições no quadro. Depois, verifique se estão corretas.

14 + 42 = 56

```
   42
+  14
  ---
   56
```

D	U
1	4
4	2
5	6

a) 22 + 36 =

b) 17 + 2 =

c) 10 + 14 =

d) 13 + 12 =

e) 18 + 31 =

f) 52 + 3 =

11. Escolha um dos números que torna a adição correta.

```
  74      ⑥
+ ☐       ⑤
 ----     ②
  80
```

```
  ☐       68
+ 15      ⑥⑦
 ----     57
  83
```

```
  ☐       39
+ 26      ③⑦
 ----     38
  64
```

```
  46      ②⑥
+ ☐       25
 ----     ③④
  72
```

```
  35      35
+ ☐       ②⑤
 ----     ③④
  70
```

```
  ☐       27
+ 14      28
 ----     38
  42
```

Subtração com desagrupamento

```
   D   U
   ²3̷  ¹²2̷
 -  1   5
   ----
    1   7
```

32 = 3 dezenas + 2 unidades
ou
32 = 2 dezenas + 12 unidades

12. Observe o exemplo e efetue as subtrações.

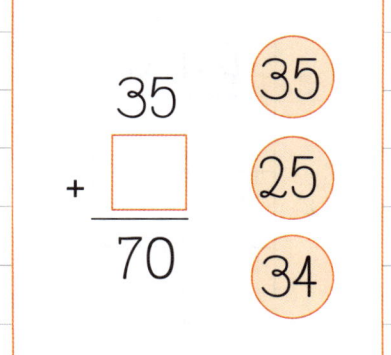

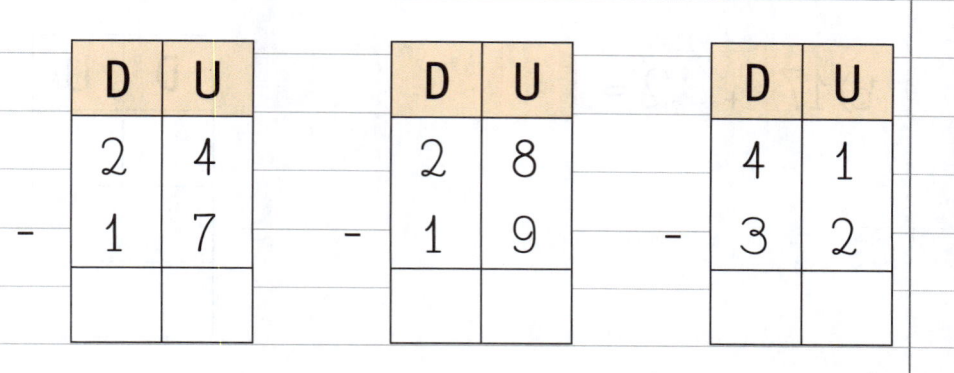

D	U
8	1
4	5

D	U
8	4
5	6

D	U
9	6
3	8

D	U
5	3
2	6

D	U
5	7
3	9

D	U
7	5
2	7

D	U
2	4
1	7

D	U
2	8
1	9

D	U
4	1
3	2

D	U
5	7
-1	9

D	U
4	5
-2	9

D	U
3	5
-2	8

D	U
6	4
-4	8

D	U
6	6
-4	8

D	U
8	1
-4	6

13. Calcule mentalmente e registre a resposta.

9 para 12 faltam ☐

6 para 12 faltam ☐

7 para 14 faltam ☐

7 para 15 faltam ☐

4 para 11 faltam ☐

8 para 16 faltam ☐

8 para 14 faltam ☐

14. Arme as contas e efetue as subtrações.

a) 73 - 27 = ☐   b) 90 - 38 = ☐

c) 73 - 29 = ☐   d) 52 - 18 = ☐

e) 54 - 26 = ☐   f) 63 - 28 = ☐

g) 84 - 19 = ☐   h) 53 - 34 = ☐

15. Complete os quadros de subtrações.

	10	20	30	40	50	60	70	80	90
-5	5	15							

↓	18	27	36	45	54	63	72	81	90
−9	9	18							

↓	12	18	24	30	36	42	48	54	60
−6	6	12							

16. Complete as tabelas de subtrações.

−	2	3	4	5
5	3			
6				
7			4	
8				
9				5

−	6	7	8	9
9	3			
10				
11				2
12				
13		6		

−	2	4	6	8
10	8			
12				
14	12			
16				
18				10

−	3	5	7	9
11	8			
13				4
15				
17		12		
19				

17. Efetue as subtrações.

D	U
9	5
− 1	7

D	U
5	1
− 1	2

D	U
7	5
− 6	8

D	U
5	3
− 2	9

D	U
3	3
− 1	9

D	U
4	6
− 2	8

D	U
2	5
− 1	9

D	U
9	4
− 3	7

D	U
4	1
− 2	8

D	U
7	1
− 2	4

D	U
6	2
− 5	4

D	U
6	1
− 1	6

Verificação da subtração

> Podemos verificar se uma subtração está correta utilizando a adição.
>
> A diferença adicionada ao subtraendo deverá ser igual ao minuendo.

18. Faça como no exemplo.

```
  58         26
- 32       + 32
  ──         ──
  26         58
```

```
  76
- 48
  ──
```

```
  47
- 12
  ──
```

```
  38
- 21
  ──
```

```
  99
- 15
  ──
```

```
  87
- 78
  ──
```

19. Arme e efetue as subtrações. Depois, verifique se estão corretas.

a) 64 − 26 = ☐

b) 33 − 12 = ☐

c) 51 − 27 = ☐

d) 87 − 67 = ☐

e) 75 − 23 = ☐

f) 94 − 68 = ☐

g) 44 − 21 = ☐

h) 38 − 10 = ☐

PROBLEMAS

20. Tia Lena está lendo um livro que tem 65 páginas. Ela já leu 38. Quantas páginas tia Lena ainda vai ler?
Cálculo   Resposta

21. Numa festa havia 32 bexigas. Estouraram 8. Quantas ficaram?
Cálculo   Resposta

22. Na fazenda do vovô há 54 porcos. Ele vai dar 27 porcos ao papai. Com quantos porcos o vovô vai ficar?
Cálculo   Resposta

23. Um auxiliar de cozinha lavou 5 dezenas de pratos. Só enxugou 2 dezenas e meia. Quantos pratos ele ainda tem para enxugar?
Cálculo   Resposta

24. Em uma classe há 42 alunos, sendo 18 meninos. Quantas meninas estudam nessa sala?
Cálculo   Resposta

25. Andreia tem 56 figurinhas. Telma tem 38. Quantas figurinhas Andreia tem a mais que Telma?
Cálculo   Resposta

Bloco 5: Geometria

CONTEÚDO

FIGURAS GEOMÉTRICAS PLANAS
- Triângulo, quadrado, retângulo, círculo

SÓLIDOS GEOMÉTRICOS
- Cubo, bloco, esfera, cone, cilindro, pirâmide

FIGURAS GEOMÉTRICAS PLANAS

Triângulo, quadrado, retângulo, círculo

1. Identifique cada figura geométrica abaixo como:
T: Triângulo   Q: Quadrado
R: Retângulo   C: Círculo

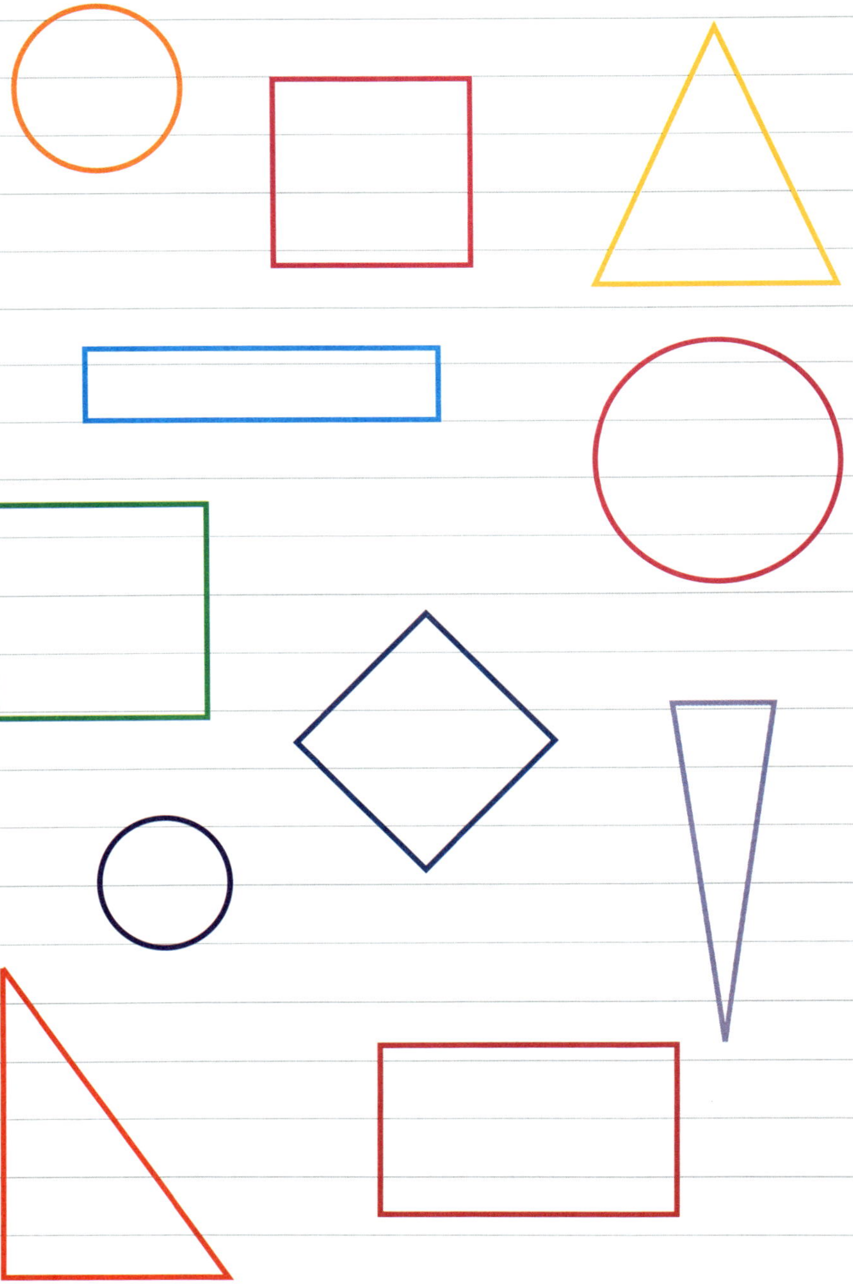

33

2. Desenhe 3 triângulos diferentes.

3. Desenhe 3 retângulos diferentes.

4. Complete.

a) O triângulo tem ☐ lados.
b) O quadrado tem ☐ lados.
c) O retângulo tem ☐ lados.
d) O _____ tem 4 lados com medidas iguais.

SÓLIDOS GEOMÉTRICOS

Cubo, bloco, esfera, cone, cilindro, pirâmide

Estas figuras espaciais são conhecidas como sólidos geométricos.

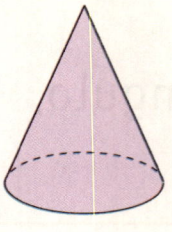
Cone

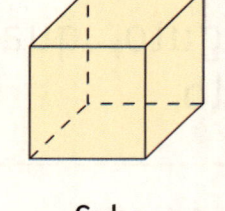
Cubo

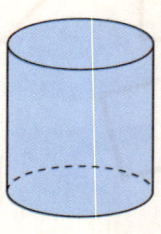
Cilindro

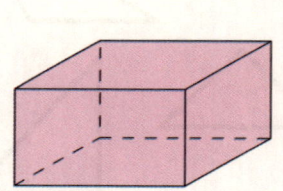
Bloco

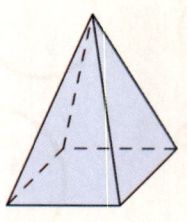
Pirâmide

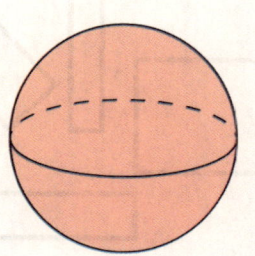
Esfera

34

5. Ligue os objetos aos sólidos geométricos com que se parecem.

6. Ligue as faces assinaladas dos sólidos geométricos às figuras geométricas planas.

Pirâmide   Bloco   Cone

Retângulo   Círculo   Triângulo

7. Observe as embalagens e complete as frases.

A   B   C

a) A embalagem A lembra a forma de um _____.
b) A embalagem B lembra a forma de um _____.
c) A embalagem C lembra a forma de uma _____.

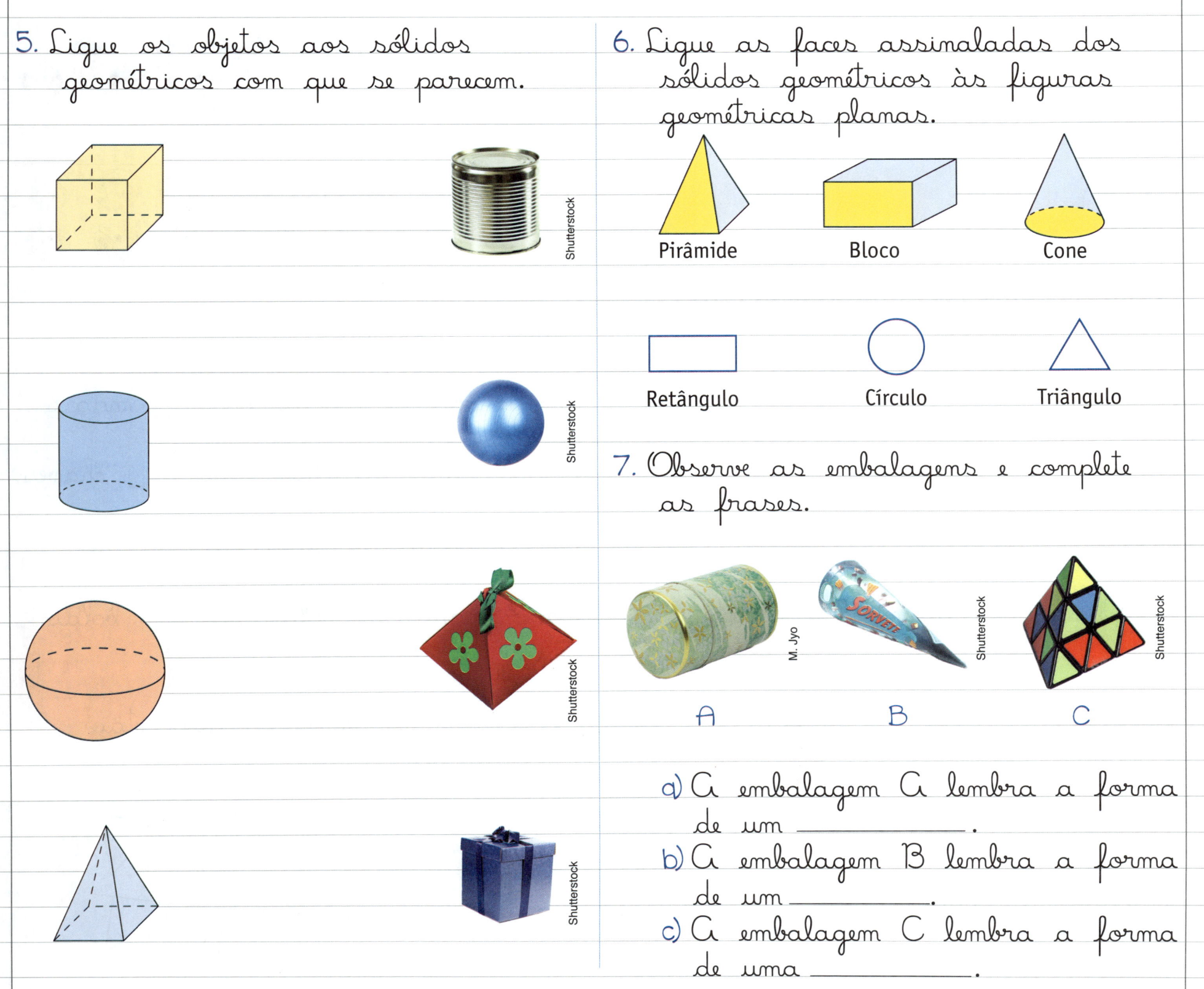

Bloco 6: Números

CONTEÚDO
- Números pares e números ímpares

Números pares e números ímpares

> **Números pares** são aqueles que terminam em 0, 2, 4, 6 ou 8.

1. Observe os desenhos e circule.

1 par de maçãs

2 pares de chaves

3 pares de piões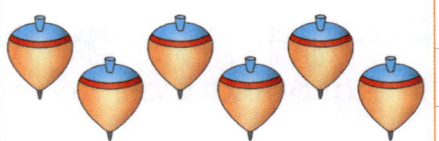

4 pares de bolas

Agora, responda.

Em 1 par de maçãs há ☐ maçãs.

Em 2 pares de chaves há ☐ chaves.

Em 3 pares de piões há ☐ piões.

Em 4 pares de bolas há ☐ bolas.

2. Escreva os números que estão faltando.

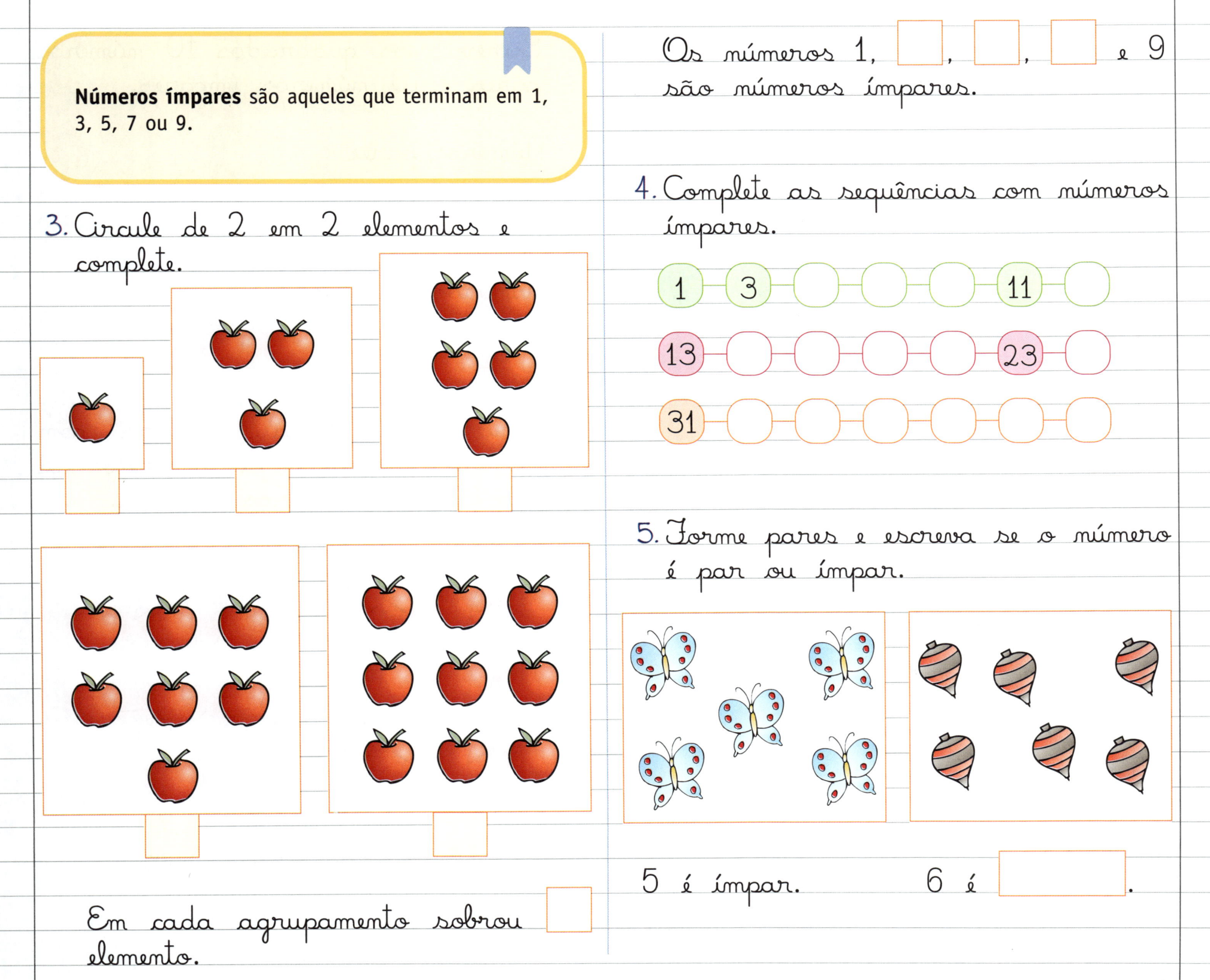

Números ímpares são aqueles que terminam em 1, 3, 5, 7 ou 9.

Os números 1, ☐, ☐, ☐ e 9 são números ímpares.

3. Circule de 2 em 2 elementos e complete.

4. Complete as sequências com números ímpares.

1 — 3 — ◯ — ◯ — ◯ — 11 — ◯

13 — ◯ — ◯ — ◯ — ◯ — 23 — ◯

31 — ◯ — ◯ — ◯ — ◯ — ◯ — ◯

5. Forme pares e escreva se o número é par ou ímpar.

5 é ímpar.   6 é ☐.

Em cada agrupamento sobrou ☐ elemento.

37

10 é ____ .   3 é ____ .

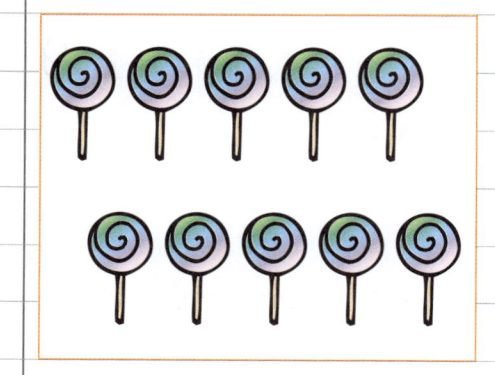

6. Ao lado de cada número escreva par ou ímpar.

11	74	50
17	83	13
41	22	99
38	36	60
45	29	44
81	66	99

7. Escreva nos quadrados 10 números pares e 10 números ímpares.

Números pares

Números ímpares

8. Pinte de azul as estrelas com números pares e de amarelo as estrelas com números ímpares.

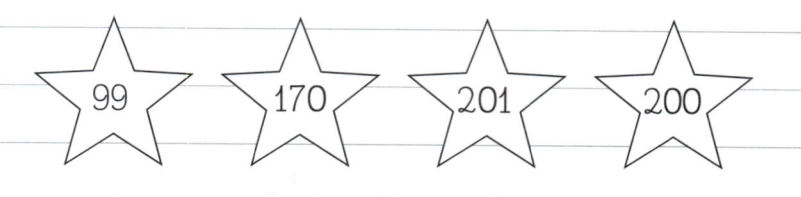

209   100   217   88

221   1233   112   108

99   170   201   200

38

Bloco 7: Números

CONTEÚDO

NÚMEROS NATURAIS ATÉ 1000
- Centenas exatas até 900
- Composição e decomposição de números
- Adição e subtração
- Reta numérica

NÚMEROS NATURAIS ATÉ 1000

Centenas exatas até 900

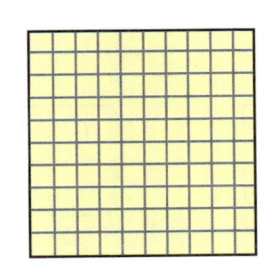

C	D	U
1	0	0

1 centena
cem

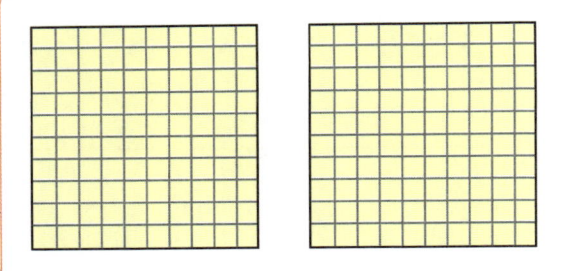

C	D	U
2	0	0

2 centenas
duzentos

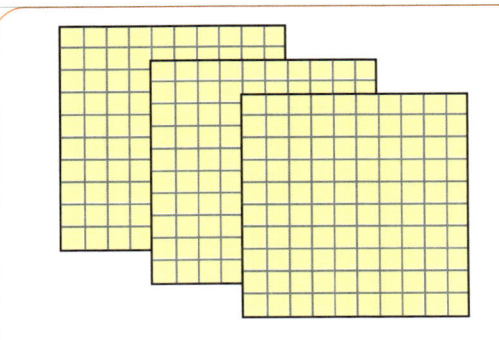

C	D	U
3	0	0

3 centenas
trezentos

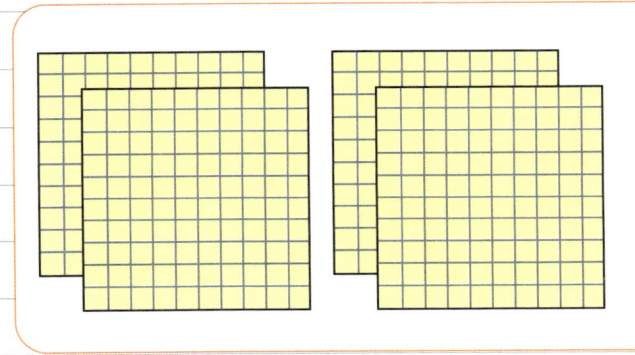

C	D	U
4	0	0

4 centenas
quatrocentos

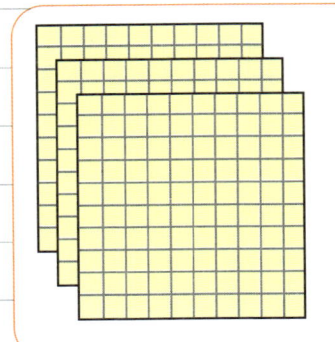

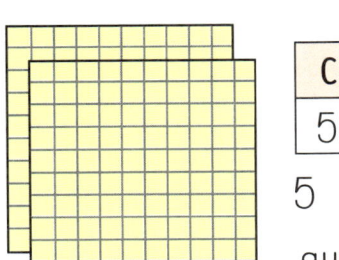

C	D	U
5	0	0

5 centenas
quinhentos

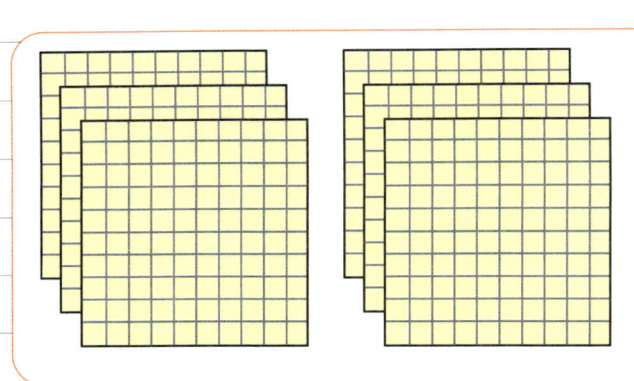

C	D	U
6	0	0

6 centenas
seiscentos

C	D	U
7	0	0

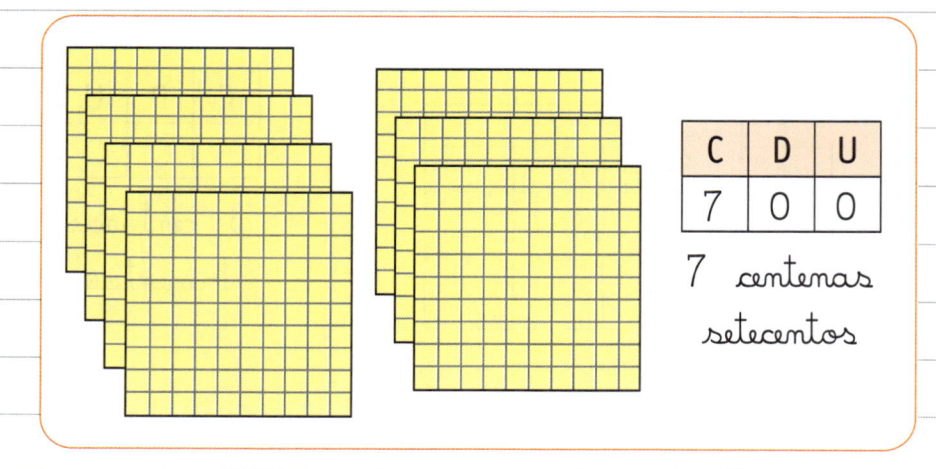

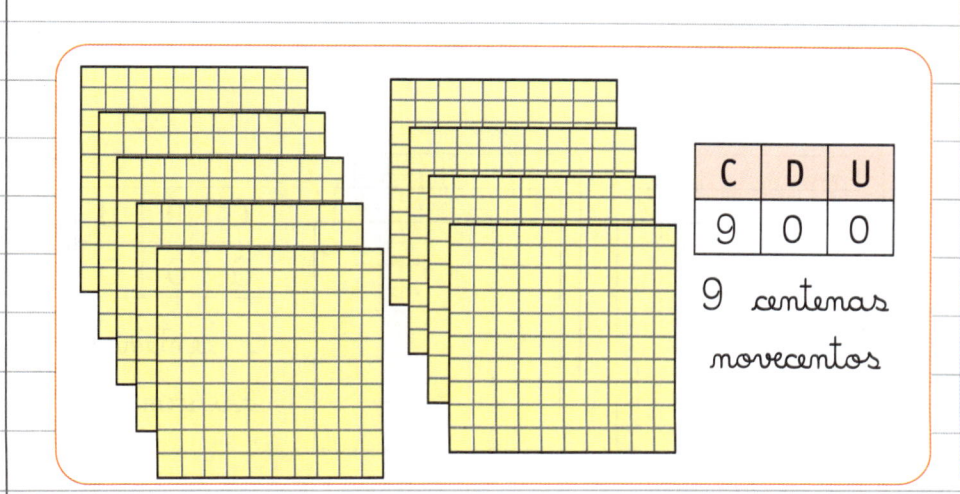

7 centenas
setecentos

C	D	U
8	0	0

8 centenas
oitocentos

C	D	U
9	0	0

9 centenas
novecentos

1. Escreva no quadro quais números estão representados. Depois, escreva como se leem esses números.

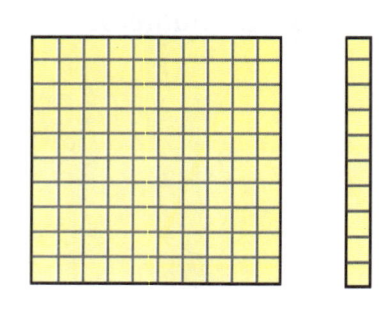

C	D	U
1	1	0

1 centena
1 dezena
0 unidades

Cento e dez

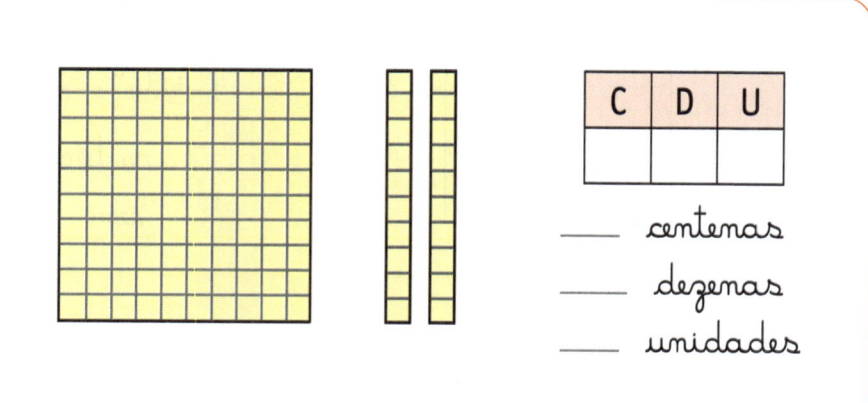

C	D	U

___ centenas
___ dezenas
___ unidades

_____

___ centenas
___ dezenas
___ unidades

C	D	U

___ centenas
___ dezenas
___ unidades

C	D	U

___ centenas
___ dezenas
___ unidades

C	D	U

C	D	U

C	D	U

C	D	U

41

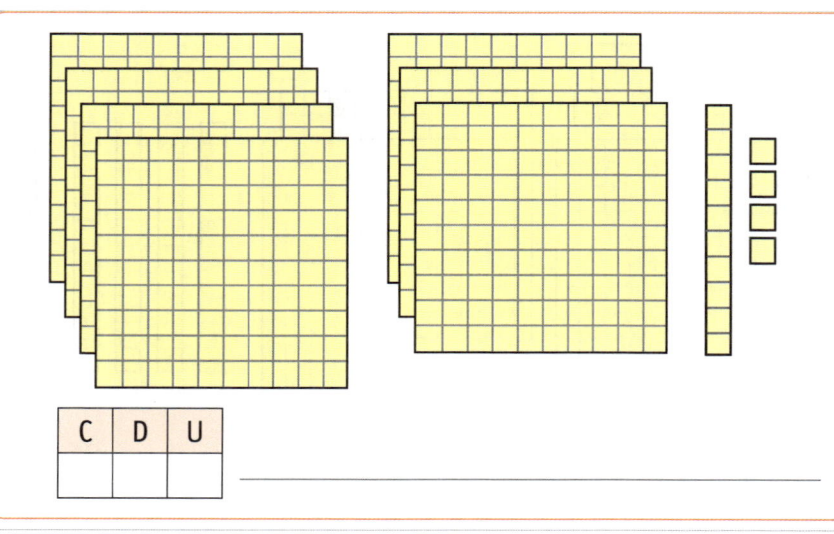

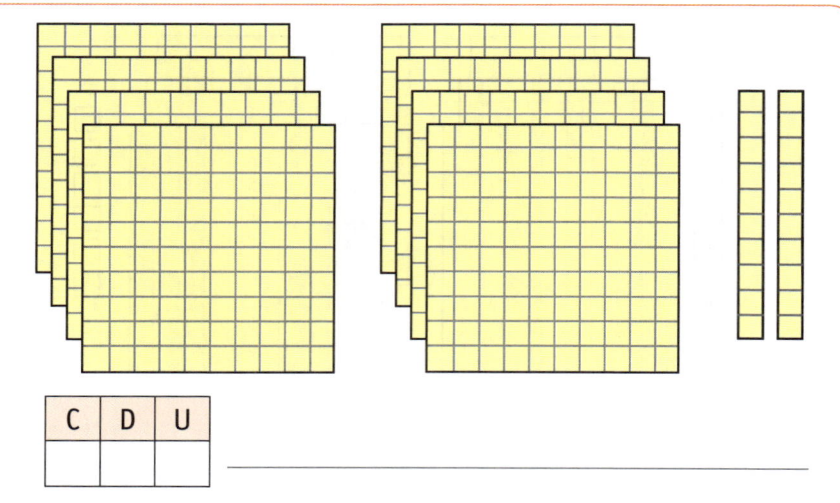

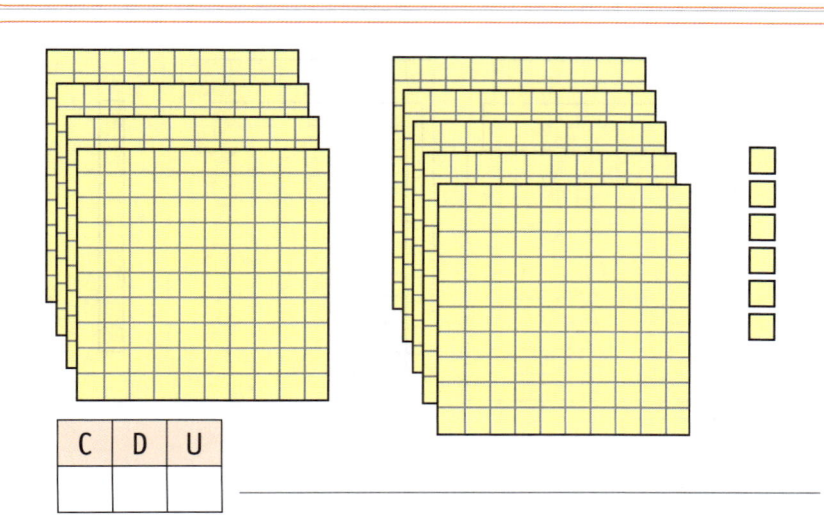

Composição e decomposição de números

2. Decomponha os números conforme os exemplos.

378 = 300 + 70 + 8
405 = 400 + 5
290 =
309 =
697 =
119 =
590 =
671 =
769 =
809 =
888 =
980 =
318 =

Veja como o número 872 é composto.

C	D	U
8	7	2

872 = 8 centenas + 7 dezenas + 2 unidades

872 = 8 x 100 + 7 x 10 + 2 x 1

3. Observe o exemplo e decomponha os números conforme suas unidades, dezenas e centenas.

173 = 1 x 100 + 7 x 10 + 3 x 1
456 =
305 =
520 =
874 =
999 =
300 =
616 =
789 =
101 =
111 =

4. Complete o quadro.

	C	D	U
cento e vinte e dois	1	2	2
trezentos e quarenta e três			
cento e sessenta e oito			
quatrocentos e cinquenta			
cento e oitenta e nove			
duzentos e trinta e sete			

5. Complete.

142	100 + 40 + 2 1 centena, 4 dezenas e 2 unidades
184	
296	
261	
150	
177	

6. Escreva os números em ordem decrescente.

320 - 340 - 360 - 310 - 350 - 380 - 330 - 370 - 390

7. Complete as sequências.

100 — 105 — 110 — ☐ — 120

200 — 210 — ☐ — ☐ — ☐ — 250

300 — ☐ — 340 — ☐ — ☐ — 400

☐ — 500 — ☐ — 460 — ☐ — ☐

8. Complete o quadro de números de 101 a 200.

101	102								
							118		
						127			
		143							
					166				
		183							
								199	

9. Complete o quadro de 201 a 300.

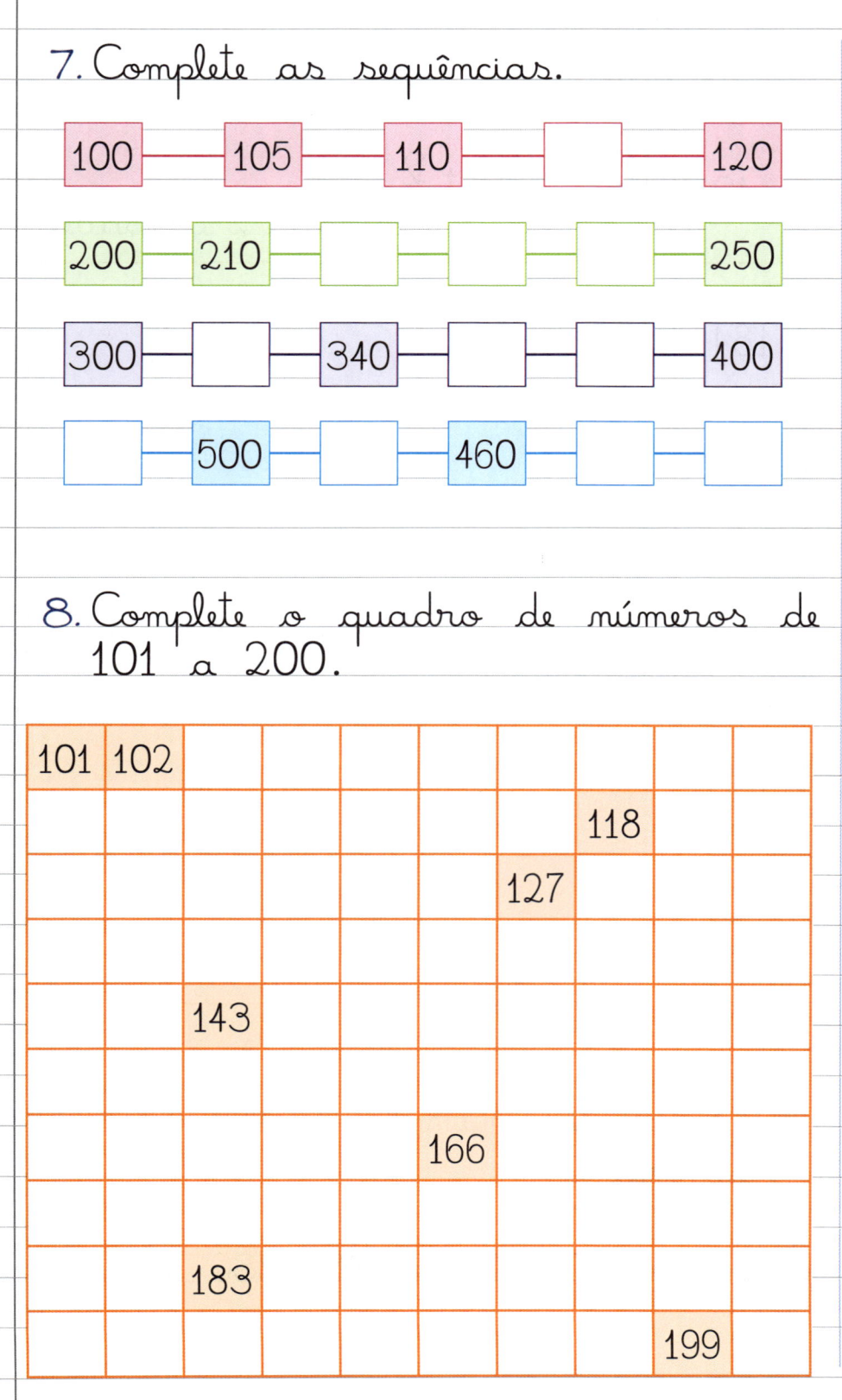

201									
	212			215					
	222								
									260
					276				
							288		
									300

Adição e subtração

10. Efetue as seguintes adições.

C	D	U
1	7	2
1	1	9

(+)

C	D	U
2	4	6
1	2	6

(+)

C	D	U
1	5	8
1	0	7

(+)

C	D	U
3	2	5
+ 2	4	7

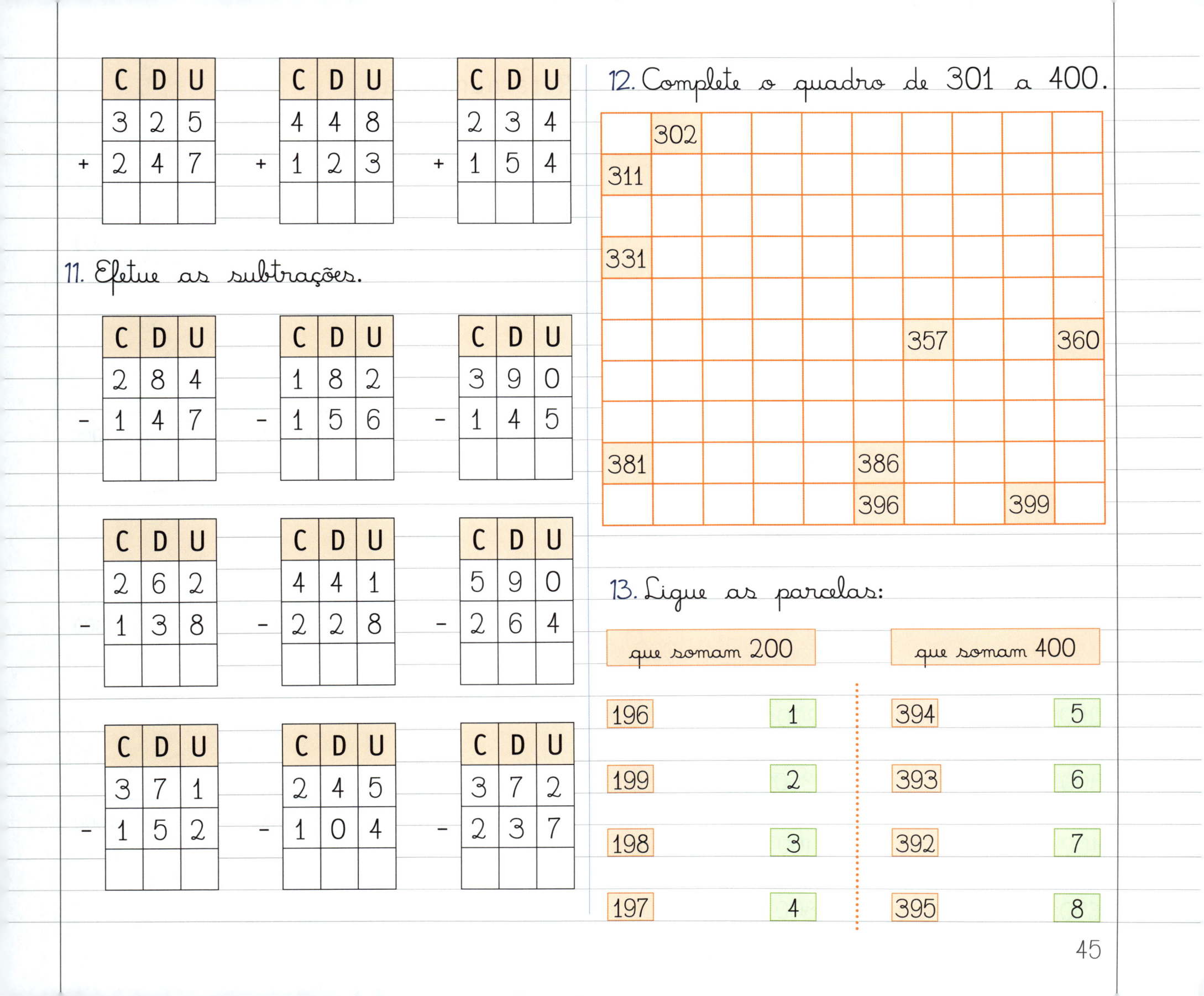

C	D	U
4	4	8
+ 1	2	3

C	D	U
2	3	4
+ 1	5	4

11. Efetue as subtrações.

C	D	U
2	8	4
− 1	4	7

C	D	U
1	8	2
− 1	5	6

C	D	U
3	9	0
− 1	4	5

C	D	U
2	6	2
− 1	3	8

C	D	U
4	4	1
− 2	2	8

C	D	U
5	9	0
− 2	6	4

C	D	U
3	7	1
− 1	5	2

C	D	U
2	4	5
− 1	0	4

C	D	U
3	7	2
− 2	3	7

12. Complete o quadro de 301 a 400.

	302								
311									
331									
						357			360
381					386				
					396			399	

13. Ligue as parcelas:

que somam 200		que somam 400	
196	1	394	5
199	2	393	6
198	3	392	7
197	4	395	8

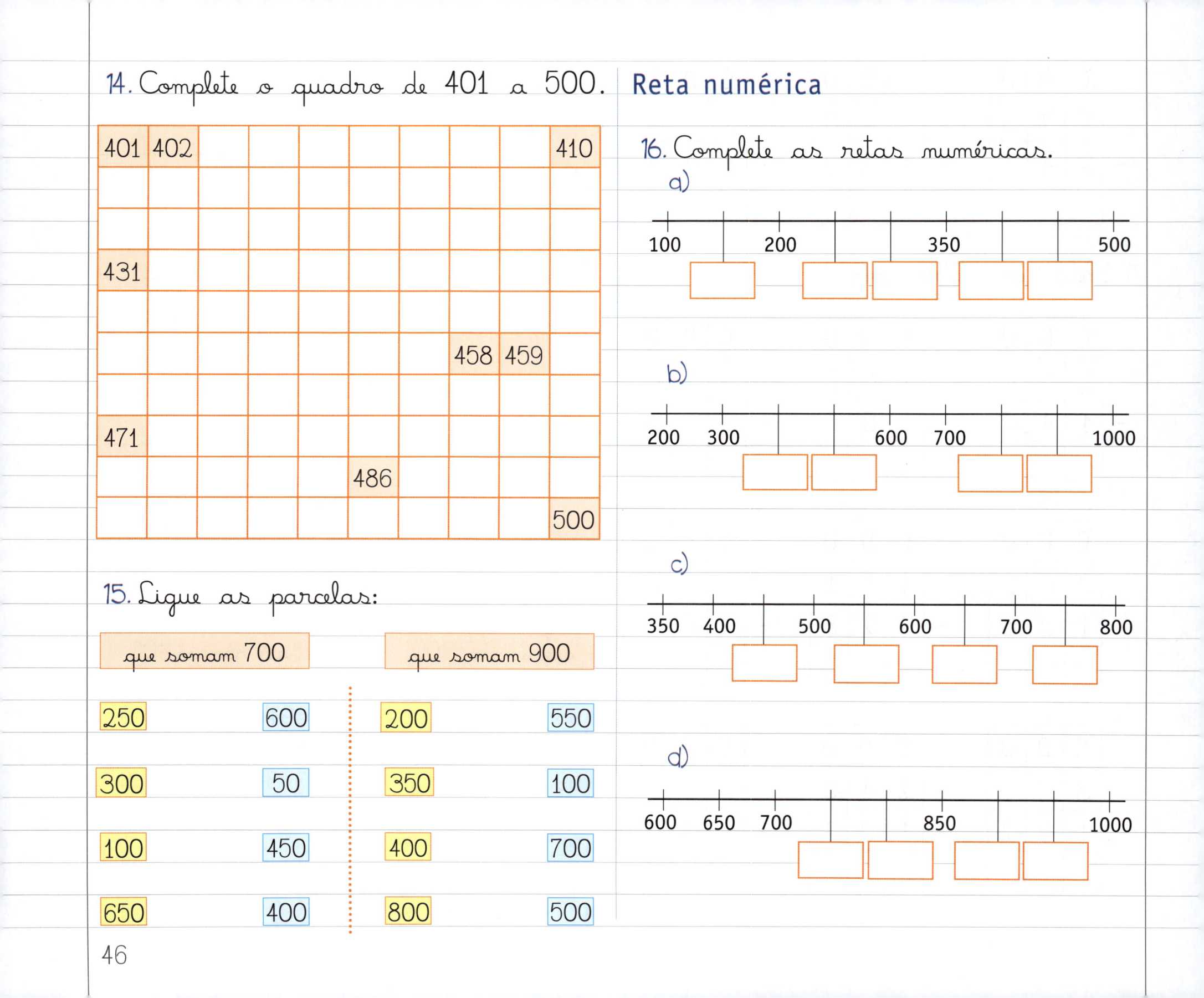

14. Complete o quadro de 401 a 500.

401	402								410
431									
						458	459		
471									
					486				
									500

15. Ligue as parcelas:

que somam 700		que somam 900	
250	600	200	550
300	50	350	100
100	450	400	700
650	400	800	500

Reta numérica

16. Complete as retas numéricas.

a) 100 200 350 500

b) 200 300 600 700 1000

c) 350 400 500 600 700 800

d) 600 650 700 850 1000

Bloco 8: Números

CONTEÚDO

MULTIPLICAÇÃO DE NÚMEROS NATURAIS
- Adição de parcelas iguais
- Disposição retangular
- Problemas

MULTIPLICAÇÃO DE NÚMEROS NATURAIS

Adição de parcelas iguais

Uma adição de parcelas iguais pode ser representada por uma multiplicação.

Símbolo: ×

Lê-se: vezes

```
  4  ← multiplicando
× 2  ← multiplicador
  8  ← produto
```

1. Observe o exemplo e complete.

$2 + 2 + 2$

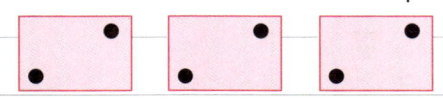

3 vezes 2 são 6

$3 \times 2 = 6$

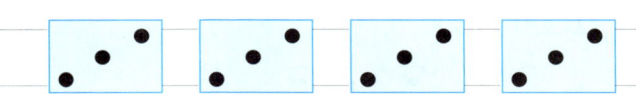

$3 + 3 + 3 + 3$

4 vezes 3 são ☐

$4 \times 3 = $ ☐

$4 + 4$

2 vezes 4 são ☐

$2 \times 4 = $ ☐

47

5 + 5 + 5 + 5

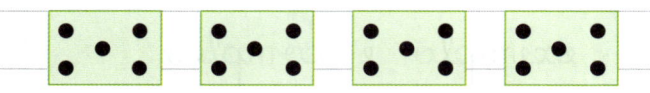

4 vezes 5 são ☐

4 × 5 = ☐

2. Continue somando e multiplicando, como no exemplo.

> 3 + 3 + 3 + 3
> 4 × 3 = 12

a) 2 + 2 + 2 + 2 + 2 = ☐

b) 8 + 8 + 8 = ☐

c) 7 + 7 = ☐

d) 5 + 5 + 5 + 5 = ☐

e) 3 + 3 + 3 = ☐

f) 9 + 9 = ☐

g) 9 + 9 + 9 + 9 = ☐

h) 8 + 8 = ☐

i) 7 + 7 + 7 + 7 + 7 = ☐

3. Efetue as multiplicações.

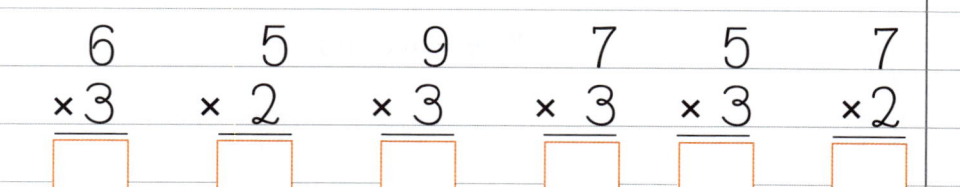

```
  2     6     1     3     3     8     1
× 2   × 2   × 3   × 2   × 3   × 2   × 2
 ☐     ☐     ☐     ☐     ☐     ☐     ☐
```

```
  6     5     9     7     5     7
× 3   × 2   × 3   × 3   × 3   × 2
 ☐     ☐     ☐     ☐     ☐     ☐
```

4. Complete.

a) 1 + 1 = ☐ → 2 × 1 = ☐

2 + 2 = ☐ → 2 × 2 = ☐

3 + 3 = ☐ → 2 × 3 = ☐

4 + 4 = ☐ → 2 × 4 = ☐

5 + 5 = ☐ → 2 × 5 = ☐

6 + 6 = ☐ → 2 × 6 = ☐

7 + 7 = ☐ → 2 × 7 = ☐

8 + 8 = ☐ → 2 × 8 = ☐

9 + 9 = ☐ → 2 × 9 = ☐

10 + 10 = ☐ → 2 × 10 = ☐

b) 1 + 1 + 1 = ☐ → 3 × 1 = ☐

2 + 2 + 2 = ☐ → 3 × 2 = ☐

3 + 3 + 3 = ☐ → 3 × 3 = ☐

4 + 4 + 4 = ☐ → 3 × 4 = ☐

5 + 5 + 5 = ☐ → 3 × 5 = ☐

6 + 6 + 6 = ☐ → 3 × 6 = ☐

7 + 7 + 7 = ☐ → 3 × 7 = ☐

8 + 8 + 8 = ☐ → 3 × 8 = ☐

9 + 9 + 9 = ☐ → 3 × 9 = ☐

10 + 10 + 10 = ☐ → 3 × 10 = ☐

5. Arme as multiplicações sugeridas pelas figuras.

a)

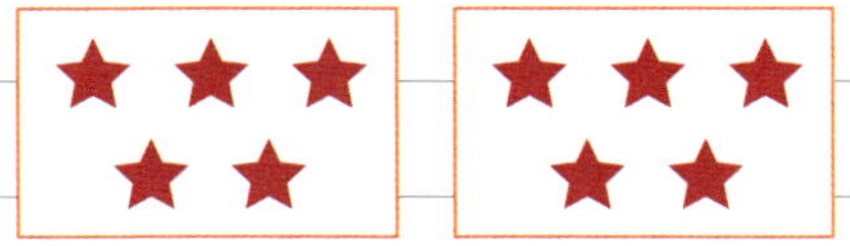

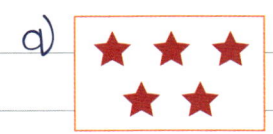

b)

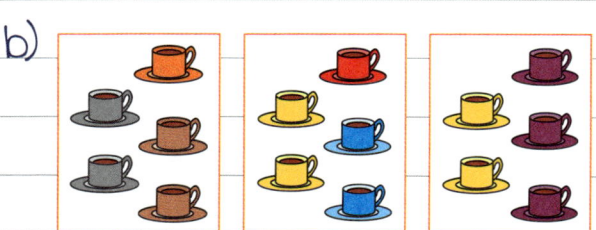

6. Complete a tabuada do 2.

2 × 1 =
2 × 2 =
2 × 3 =
2 × 4 =
2 × 5 =
2 × 6 =
2 × 7 =
2 × 8 =
2 × 9 =
2 × 10 =

7. Efetue as multiplicações.

```
  4     9     5     7     3     6     8
× 2   × 2   × 2   × 2   × 2   × 2   × 2
```

8. Complete as adições e as multiplicações.

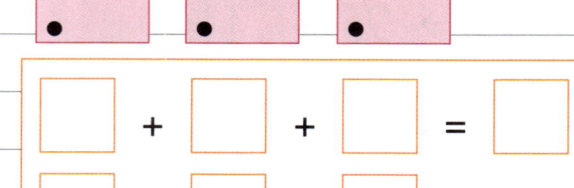

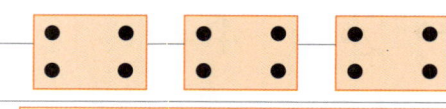

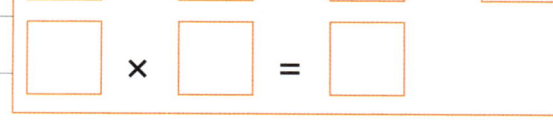

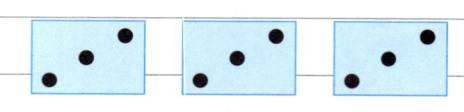

☐ + ☐ + ☐ = ☐
☐ × ☐ = ☐

☐ + ☐ + ☐ = ☐
☐ × ☐ = ☐

☐ + ☐ + ☐ = ☐
☐ × ☐ = ☐

☐ + ☐ + ☐ = ☐
☐ × ☐ = ☐

☐ + ☐ + ☐ = ☐
☐ × ☐ = ☐

☐ + ☐ + ☐ = ☐
☐ × ☐ = ☐

9. Efetue as multiplicações.

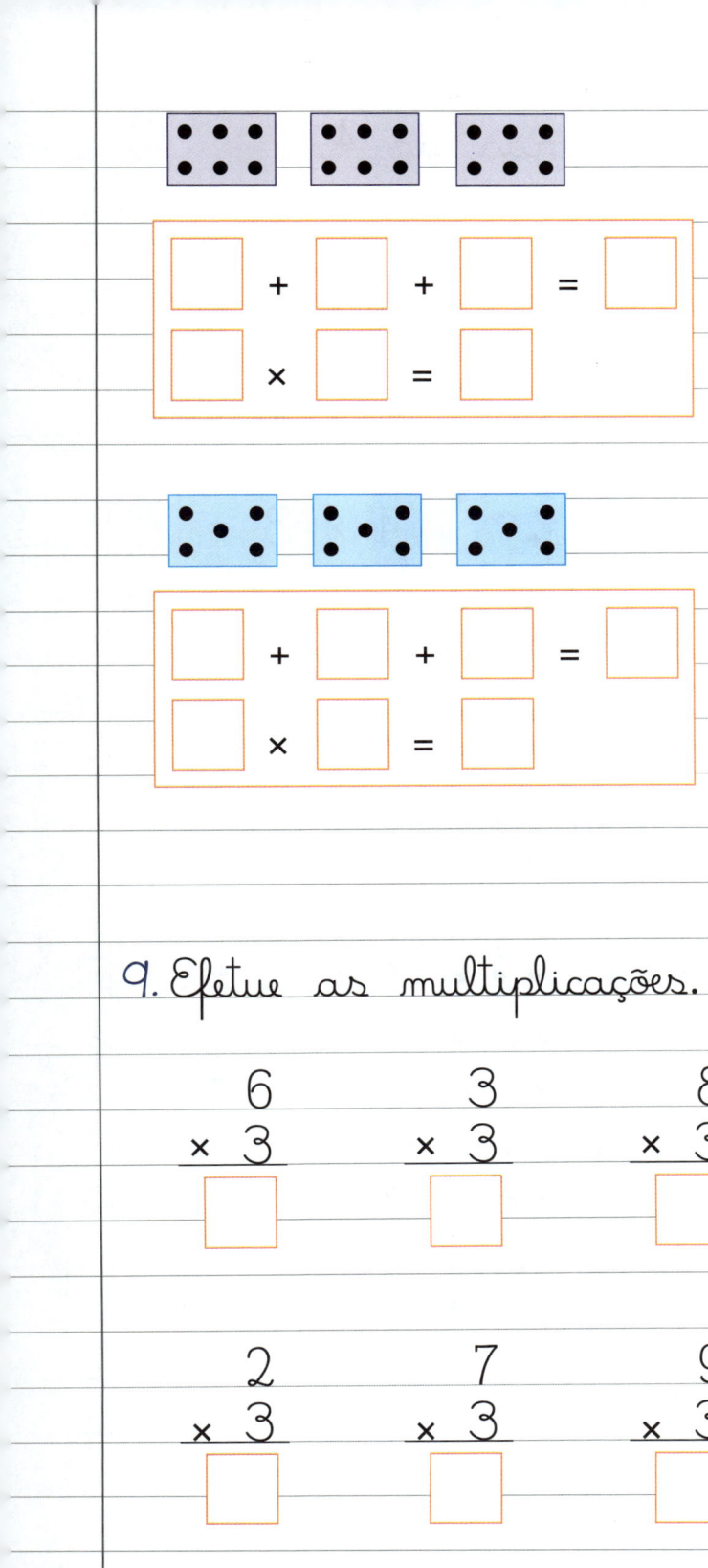

$$\begin{array}{r} 6 \\ \times\ 3 \\ \hline \square \end{array} \qquad \begin{array}{r} 3 \\ \times\ 3 \\ \hline \square \end{array} \qquad \begin{array}{r} 8 \\ \times\ 3 \\ \hline \square \end{array} \qquad \begin{array}{r} 5 \\ \times\ 3 \\ \hline \square \end{array}$$

$$\begin{array}{r} 2 \\ \times\ 3 \\ \hline \square \end{array} \qquad \begin{array}{r} 7 \\ \times\ 3 \\ \hline \square \end{array} \qquad \begin{array}{r} 9 \\ \times\ 3 \\ \hline \square \end{array} \qquad \begin{array}{r} 4 \\ \times\ 3 \\ \hline \square \end{array}$$

10. Complete a tabuada do 3.

3 × 1 = ☐
3 × 2 = ☐
3 × 3 = ☐
3 × 4 = ☐
3 × 5 = ☐
3 × 6 = ☐
3 × 7 = ☐
3 × 8 = ☐
3 × 9 = ☐
3 × 10 = ☐

11. Arme e efetue as multiplicações.

a) 2 × 6 = ☐   b) 3 × 4 = ☐

c) 2 × 5 = ☐   d) 3 × 5 = ☐

e) 3 × 7 = ☐   f) 2 × 8 = ☐

g) 2 × 3 = ☐   h) 3 × 6 = ☐

i) 2 × 9 = ☐   j) 3 × 8 = ☐

12. Complete a tabuada do 4.

4 × 1 = ☐
4 × 2 = ☐
4 × 3 = ☐
4 × 4 = ☐
4 × 5 = ☐
4 × 6 = ☐
4 × 7 = ☐
4 × 8 = ☐
4 × 9 = ☐
4 × 10 = ☐

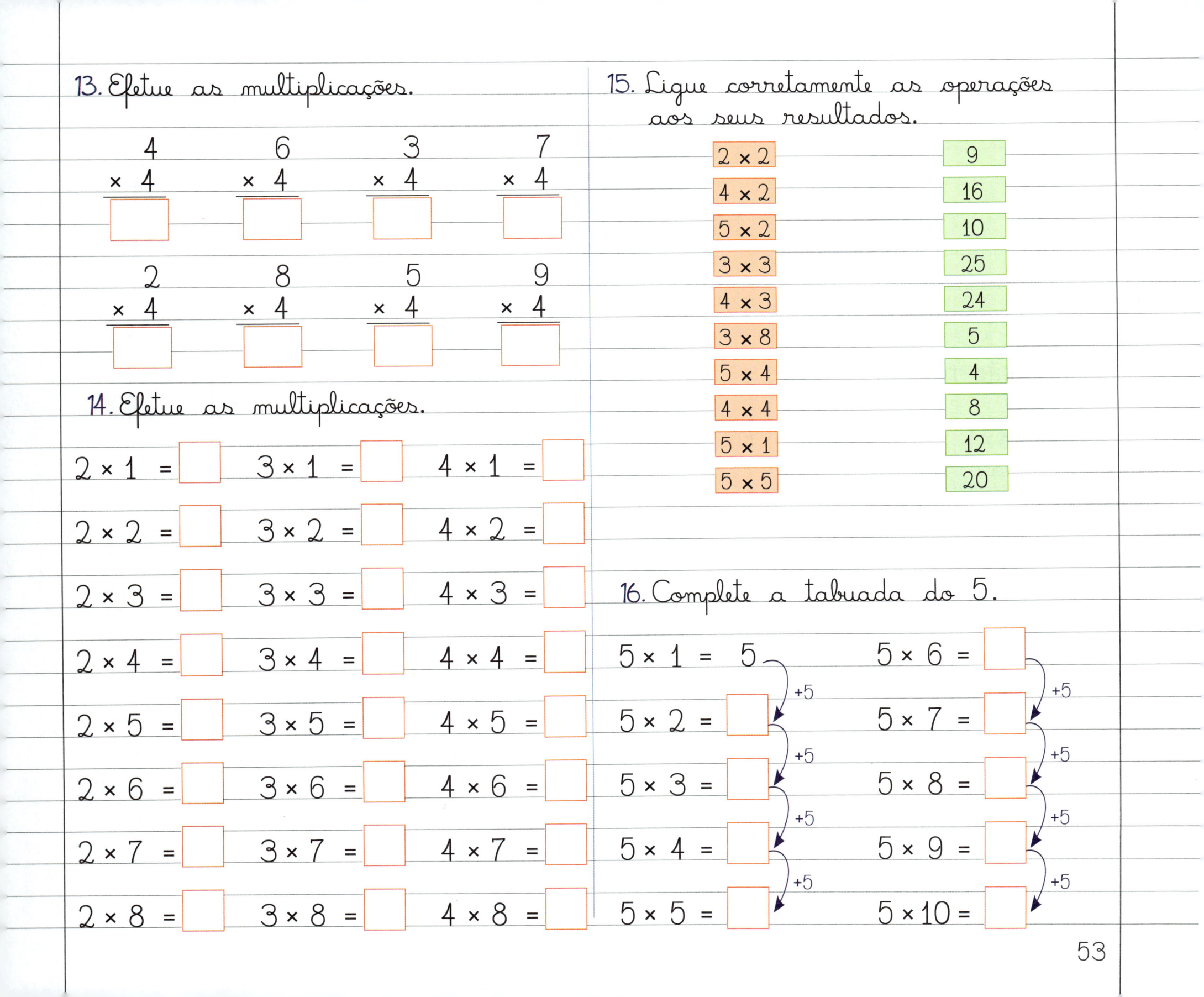

13. Efetue as multiplicações.

```
   4          6          3          7
 × 4        × 4        × 4        × 4
 ___        ___        ___        ___
 [ ]        [ ]        [ ]        [ ]

   2          8          5          9
 × 4        × 4        × 4        × 4
 ___        ___        ___        ___
 [ ]        [ ]        [ ]        [ ]
```

14. Efetue as multiplicações.

2 × 1 = [ ]   3 × 1 = [ ]   4 × 1 = [ ]

2 × 2 = [ ]   3 × 2 = [ ]   4 × 2 = [ ]

2 × 3 = [ ]   3 × 3 = [ ]   4 × 3 = [ ]

2 × 4 = [ ]   3 × 4 = [ ]   4 × 4 = [ ]

2 × 5 = [ ]   3 × 5 = [ ]   4 × 5 = [ ]

2 × 6 = [ ]   3 × 6 = [ ]   4 × 6 = [ ]

2 × 7 = [ ]   3 × 7 = [ ]   4 × 7 = [ ]

2 × 8 = [ ]   3 × 8 = [ ]   4 × 8 = [ ]

15. Ligue corretamente as operações aos seus resultados.

2 × 2		9
4 × 2		16
5 × 2		10
3 × 3		25
4 × 3		24
3 × 8		5
5 × 4		4
4 × 4		8
5 × 1		12
5 × 5		20

16. Complete a tabuada do 5.

5 × 1 = 5
5 × 2 = [ ]   +5
5 × 3 = [ ]   +5
5 × 4 = [ ]   +5
5 × 5 = [ ]   +5

5 × 6 = [ ]
5 × 7 = [ ]   +5
5 × 8 = [ ]   +5
5 × 9 = [ ]   +5
5 × 10 = [ ]   +5

17. Complete o quadro de multiplicação.

×	0	1	2	3	4	5	6	7	8	9	10
2											
3											
4											
5											

Disposição retangular

18. Quantos quadradinhos há em cada figura?

a) 4 × 2 =   2 × 4 =

b) 3 × 4 =   4 × 3 =

c) 5 × 4 =   4 × 5 =

19. Calcule o número de quadradinhos de cada figura.

5 × 1 = ☐   ☐ × ☐ = ☐

☐ × ☐ = ☐   ☐ × ☐ = ☐

☐ × ☐ = ☐   ☐ × ☐ = ☐

☐ × ☐ = ☐   ☐ × ☐ = ☐

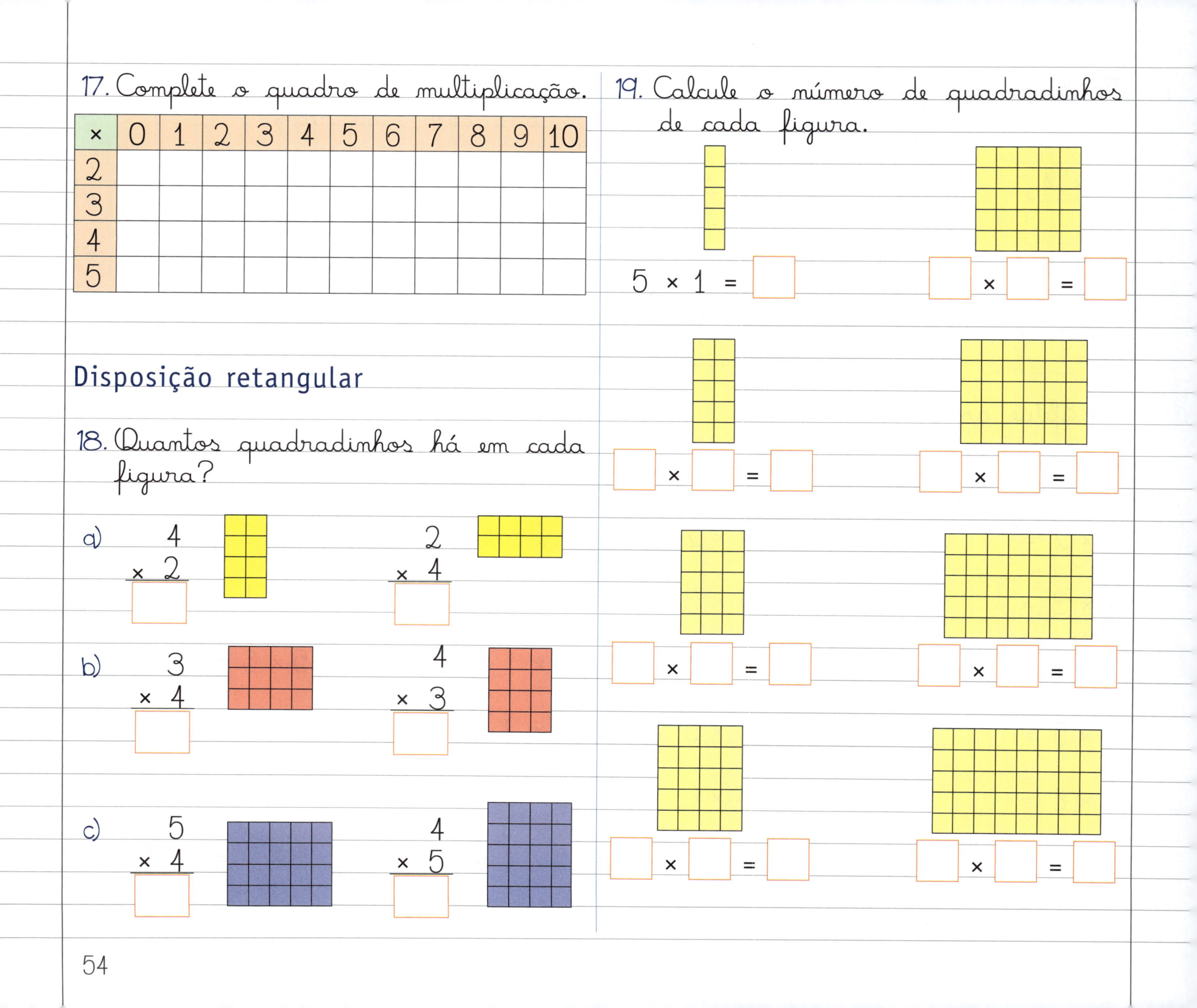

20. Adicione e multiplique.

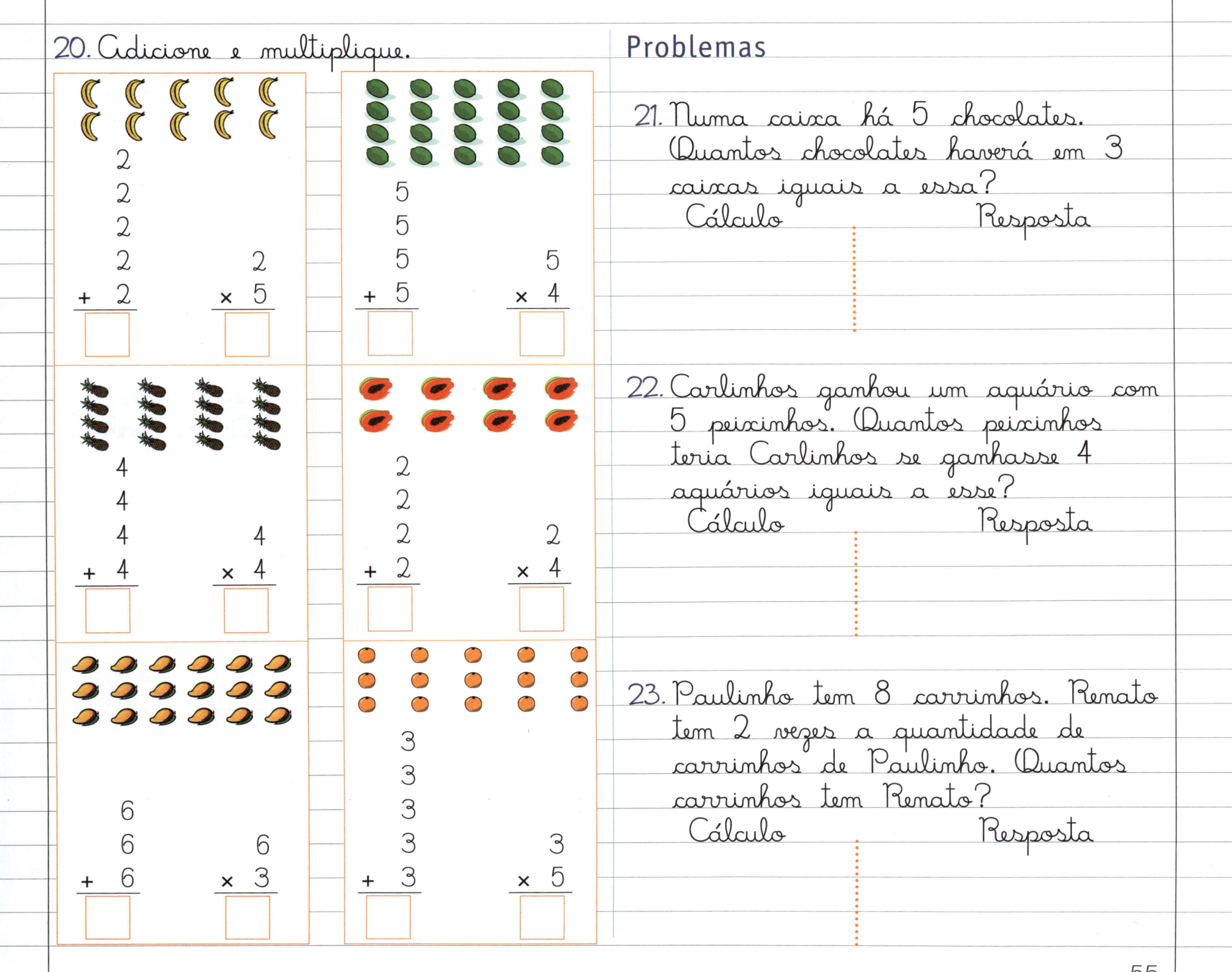

2 2 2 2 + 2	2 × 5
4 4 4 + 4	4 × 4
6 6 + 6	6 × 3

5 5 5 + 5	5 × 4
2 2 2 + 2	2 × 4
3 3 3 3 + 3	3 × 5

Problemas

21. Numa caixa há 5 chocolates. Quantos chocolates haverá em 3 caixas iguais a essa?
    Cálculo   Resposta

22. Carlinhos ganhou um aquário com 5 peixinhos. Quantos peixinhos teria Carlinhos se ganhasse 4 aquários iguais a esse?
    Cálculo   Resposta

23. Paulinho tem 8 carrinhos. Renato tem 2 vezes a quantidade de carrinhos de Paulinho. Quantos carrinhos tem Renato?
    Cálculo   Resposta

24. Vovó tem 3 vasos. Em cada um deles ela colocou 6 rosas. Quantas rosas vovó colocou nos vasos?
   Cálculo   Resposta

25. Numa sala de aula há 4 filas de carteiras, com 6 carteiras em cada fila. Quantas carteiras há na sala de aula?
   Cálculo   Resposta

26. Em uma caixa há 6 lápis. Quantos lápis há em 2 caixas iguais a essa?
   Cálculo   Resposta

27. Júnior comprou 5 pacotes de revistas. Em cada pacote há 2 revistas. Quantas revistas Júnior comprou?
   Cálculo   Resposta

28. Patrícia recebeu 4 caixas com 4 chocolates em cada uma delas. Quantos chocolates Patrícia recebeu?
   Cálculo   Resposta

29. Paulinho tem o dobro da idade de seu irmão mais novo, que tem 9 anos. Qual é a idade de Paulinho?
   Cálculo   Resposta

Bloco 9: Pensamento algébrico

CONTEÚDO

SEQUÊNCIAS
- Sequências repetitivas
- Sequências recursivas
- Sequências numéricas

SEQUÊNCIAS

Sequências repetitivas

1. Descubra o segredo destas sequências e complete.

a) ○ △ ○ △ ○ △ ____

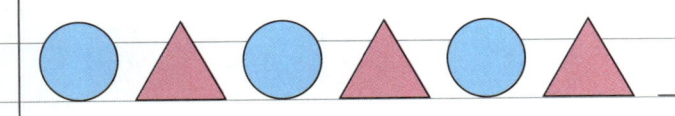

b) ▢ △ △ ▢ △ △ ▢ △ ____

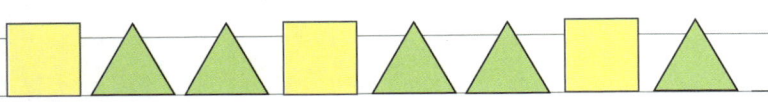

c) ○ ○ ○ △ ○ ○ ○ △ ○ ○ ____

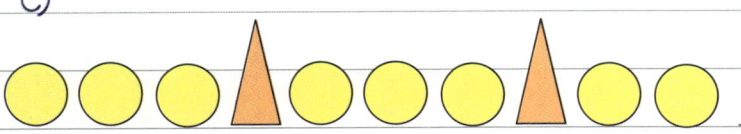

2. Sobre a questão anterior, responda.

a) Qual é o grupo que se repete na sequência A? Desenhe.

b) Qual é o grupo que se repete na sequência B? Desenhe.

c) Qual é o grupo que se repete na sequência C? Desenhe.

> Sequências que têm um grupo que se repete são chamadas de **sequências repetitivas.**

3. Complete as sequências com os termos que faltam.

a)

b)

c)

4. Agora, invente 3 sequências repetitivas, do jeito que você quiser.

Sequências recursivas

5. Observe as sequências. Descubra o seu segredo de formação.

a) Nessa sequência, há algum grupo que se repete?

b) Qual é o segredo de formação dessa sequência?

c) Quais são os próximos 3 termos dessa sequência?

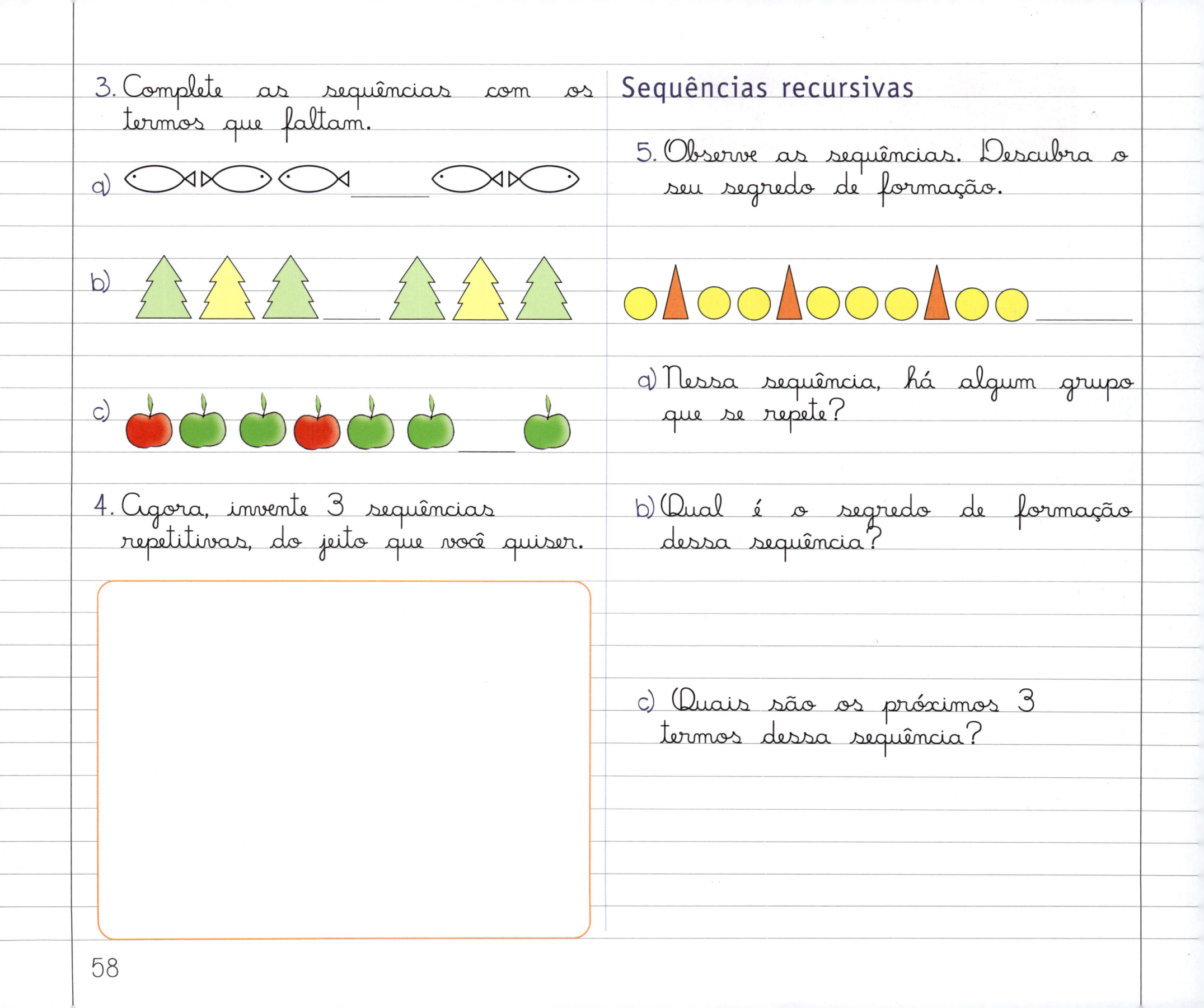

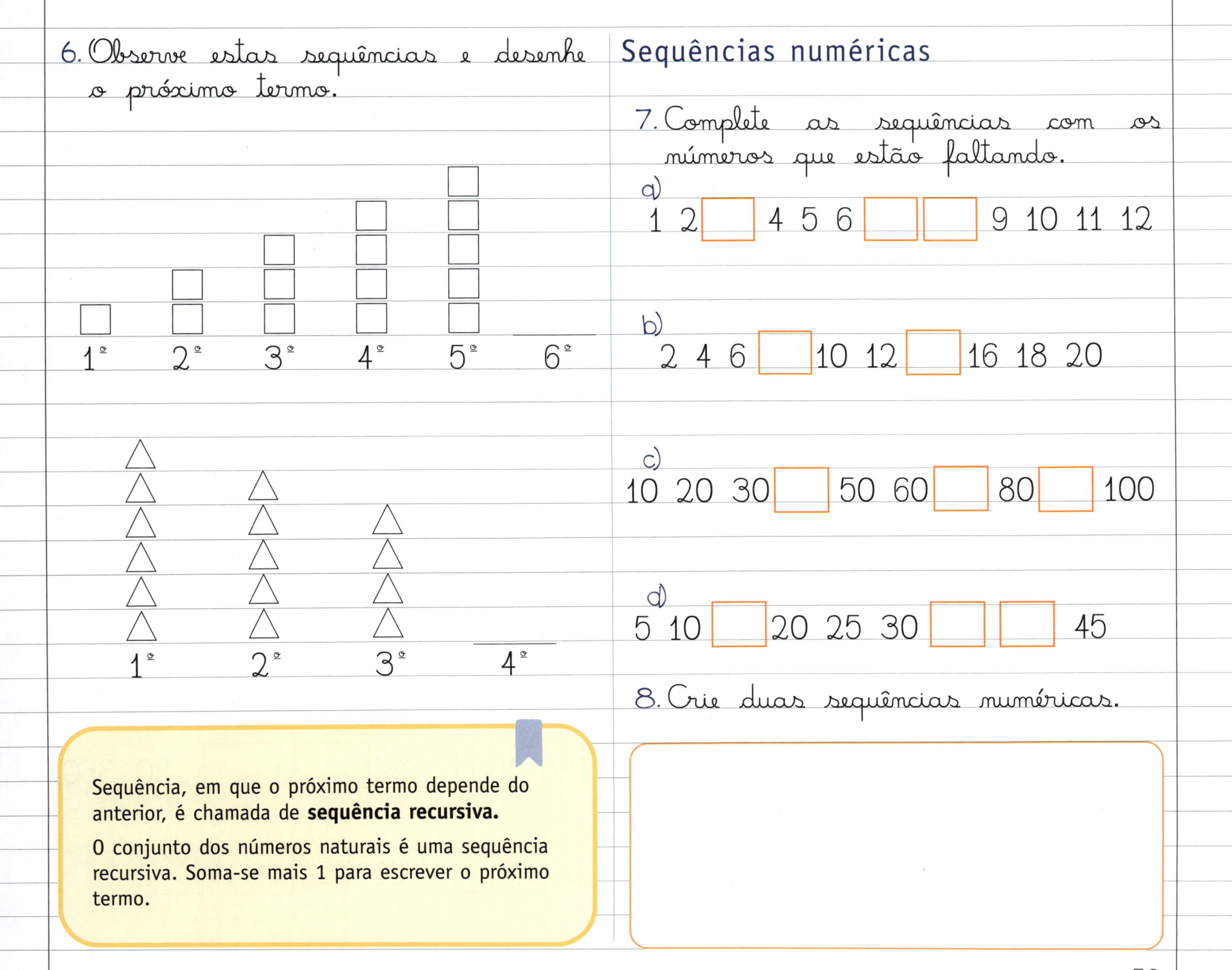

6. Observe estas sequências e desenhe o próximo termo.

1º   2º   3º   4º   5º   6º ___

1º   2º   3º   4º ___

> Sequência, em que o próximo termo depende do anterior, é chamada de **sequência recursiva.**
>
> O conjunto dos números naturais é uma sequência recursiva. Soma-se mais 1 para escrever o próximo termo.

Sequências numéricas

7. Complete as sequências com os números que estão faltando.

a) 1 2 ☐ 4 5 6 ☐ ☐ 9 10 11 12

b) 2 4 6 ☐ 10 12 ☐ 16 18 20

c) 10 20 30 ☐ 50 60 ☐ 80 ☐ 100

d) 5 10 ☐ 20 25 30 ☐ ☐ 45

8. Crie duas sequências numéricas.

59

9. Observe a sequência numérica.

1	3	5	7	9	11	___
1º	2º	3º	4º	5º	6º	7º

a) Qual é o 1º termo? ___

b) Como é formado o 2º termo da sequência?

c) E o 3º termo da sequência?

d) Qual é o segredo de formação dessa sequência?

e) Qual é o 7º termo?

10. Complete as sequências com os números que estão faltando.

0 3 6 9 12 15 ☐ ☐ ☐ ☐

10 20 30 40 50 ☐ ☐ ☐ ☐

100 90 80 70 60 ☐ ☐ ☐ ☐

15 25 35 45 ☐ ☐ ☐

200 175 150 125 ☐ ☐ ☐

120 180 ☐ ☐ 360 420

480 460 ☐ ☐ ☐ 380 360

15 30 ☐ 60 75 ☐ ☐

Bloco 10: Grandezas e medidas

CONTEÚDO

NOSSO DINHEIRO
- Cédulas e moedas
- Situações de compra e troco

NOSSO DINHEIRO

Nosso dinheiro é o **real.**
O símbolo do real é R$.

Cédulas e moedas

Veja as cédulas e as moedas do real.

1 real	50 centavos	25 centavos	10 centavos	5 centavos
R$ 1,00	R$ 0,50	R$ 0,25	R$ 0,10	R$ 0,05

2 reais — R$ 2,00
5 reais — R$ 5,00
10 reais — R$ 10,00
20 reais — R$ 20,00
50 reais — R$ 50,00
100 reais — R$ 100,00
200 reais — R$ 200,00

1. Ligue os grupos que têm o mesmo valor.

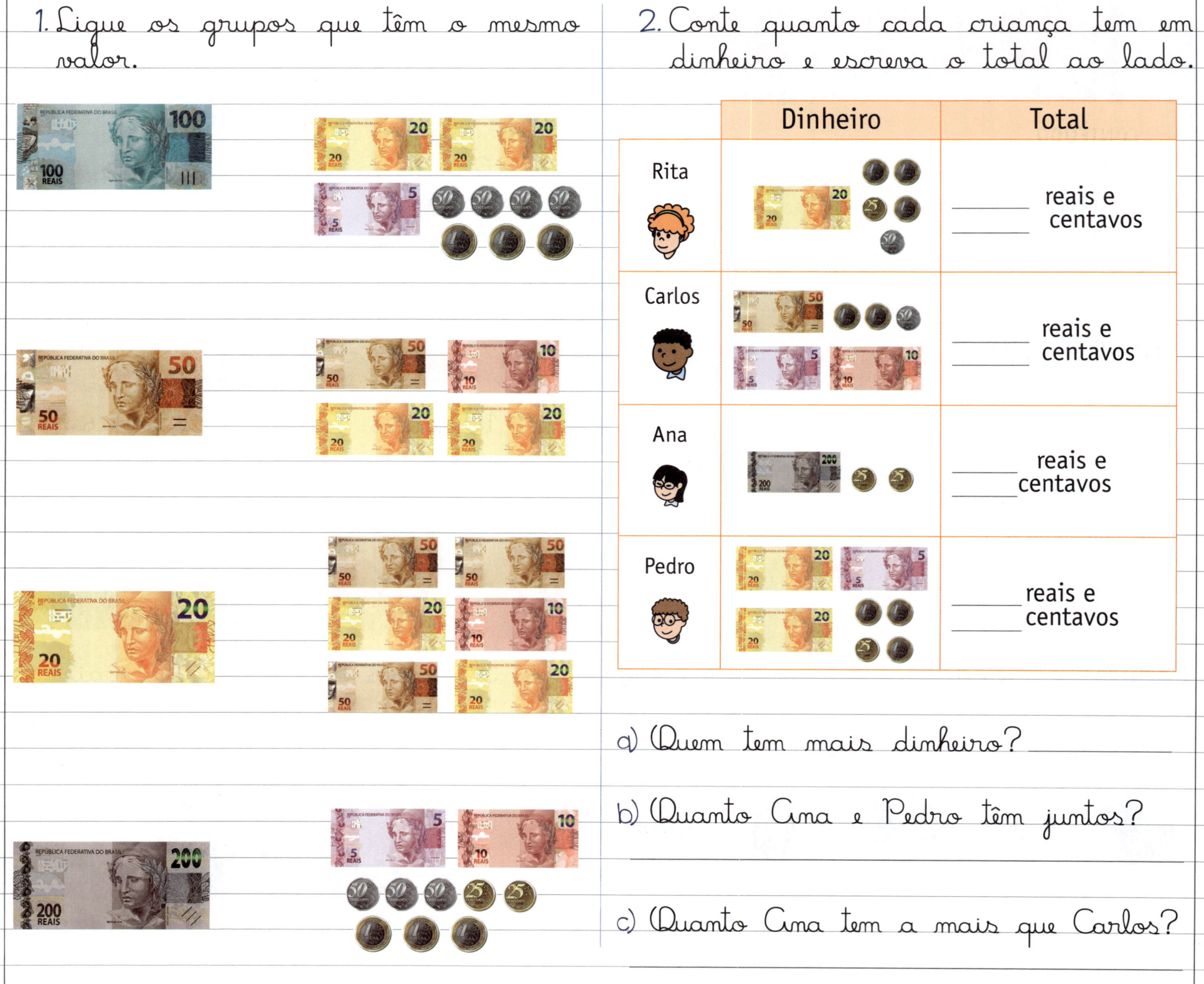

2. Conte quanto cada criança tem em dinheiro e escreva o total ao lado.

	Dinheiro	Total
Rita		_____ reais e _____ centavos
Carlos		_____ reais e _____ centavos
Ana		_____ reais e _____ centavos
Pedro		_____ reais e _____ centavos

a) Quem tem mais dinheiro? _____

b) Quanto Ana e Pedro têm juntos? _____

c) Quanto Ana tem a mais que Carlos? _____

Situações de compra e troco

3. Que preço você daria a estes objetos?

R$ ____

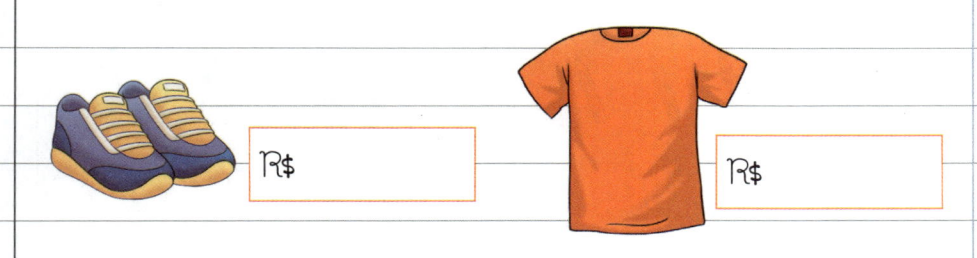

R$ ____

R$ ____

R$ ____

4. Preencha esta tabela com os preços que você indicou. Imagine que vai pagar a compra com uma cédula de 200 reais. Marque na última coluna o troco que você vai receber.

Objeto	Preço	Troco
Tênis		
Camiseta		
Mochila		
Ursinho		

5. Gustavo comprou uma bola. Veja na etiqueta o preço que ele pagou.

R$ 37,00

Se ele pagar com uma cédula de 50 reais, quanto receberá de troco?
Resposta:

6. Marina comprou uma boneca. Veja na etiqueta o preço que ela pagou.

R$ 68,00

Ao pagar com uma cédula de 200 reais, quanto receberá de troco?
Resposta:

Bloco 11: Números

CONTEÚDO

DIVISÃO DE NÚMEROS NATURAIS
- Dobro
- Metade
- Triplo
- Terça parte
- Problemas

DIVISÃO DE NÚMEROS NATURAIS

Para repartir uma quantidade em partes iguais, fazemos uma **divisão**.

Símbolo: ÷

Lê-se: dividido por

dividendo → 8 2 ← divisor
resto → 0 4 ← quociente

8 ÷ 2 = 4

(Oito dividido por 2 é igual a 4.)

---

1. Forme grupos com quantidades iguais. Depois, escreva o resultado da divisão.

Grupos de 2

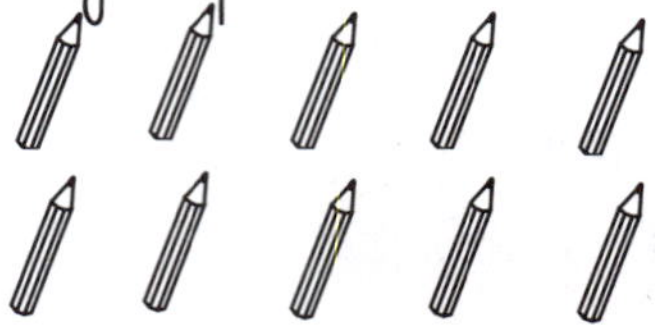

10 ÷ 2 = ☐

☐ grupos de 2

Grupos de 3

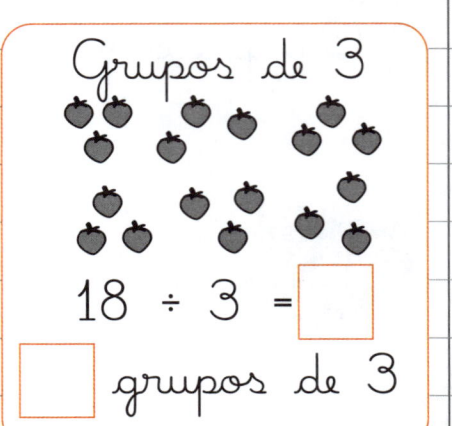

18 ÷ 3 = ☐

☐ grupos de 3

Grupos de 4

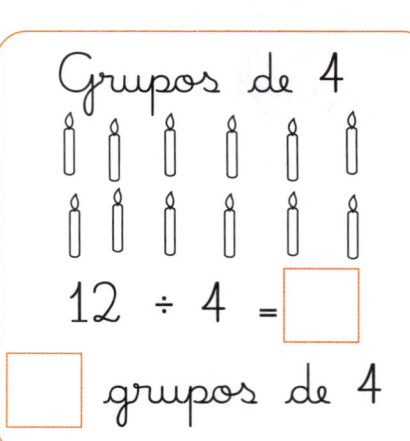

12 ÷ 4 = ☐

☐ grupos de 4

Grupos de 5

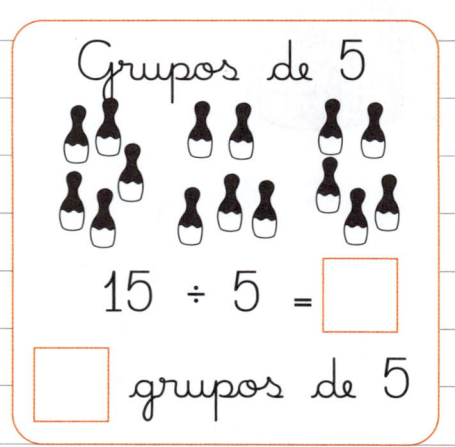

15 ÷ 5 = ☐

☐ grupos de 5

2. Agora, reparta igualmente e complete.

6 peixinhos em 3 aquários

6 ÷ 3 = ☐   ☐ peixinhos em cada aquário

10 xícaras em 2 bandejas

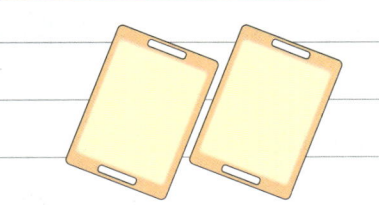

☐ xícaras em cada bandeja

10 ÷ ☐ = ☐

12 laranjas em 3 caixas

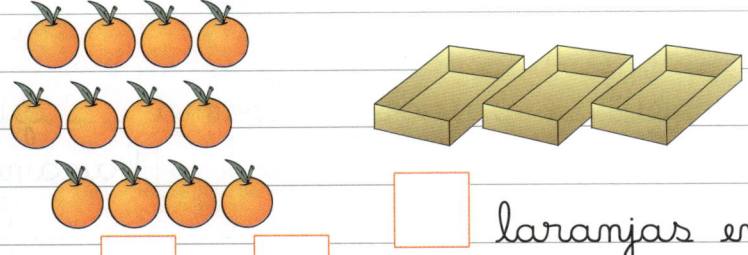

☐ laranjas em cada caixa

12 ÷ ☐ = ☐

21 botões entre 3 camisas

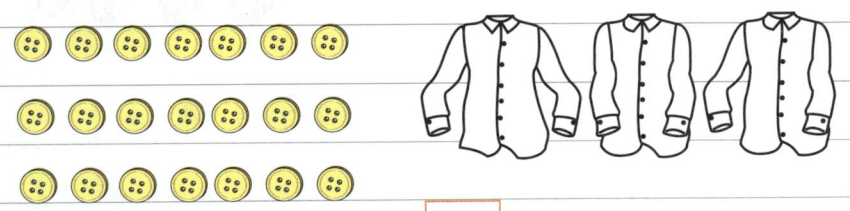

☐ botões para cada camisa

21 ÷ ☐ = ☐

3. Complete a tabuada.

2 × 2 =	4		4 ÷ 2 =	2
2 × 3 =			6 ÷ 2 =	
2 × 4 =			8 ÷ 2 =	
2 × 5 =			10 ÷ 2 =	
2 × 6 =			12 ÷ 2 =	
2 × 7 =			14 ÷ 2 =	
2 × 8 =			16 ÷ 2 =	
2 × 9 =			18 ÷ 2 =	
2 × 10 =			20 ÷ 2 =	
3 × 3 =	9		9 ÷ 3 =	3
3 × 4 =			12 ÷ 3 =	
3 × 5 =			15 ÷ 3 =	
3 × 6 =			18 ÷ 3 =	
3 × 7 =			21 ÷ 3 =	
3 × 8 =			24 ÷ 3 =	
3 × 9 =			27 ÷ 3 =	
3 × 10 =			30 ÷ 3 =	

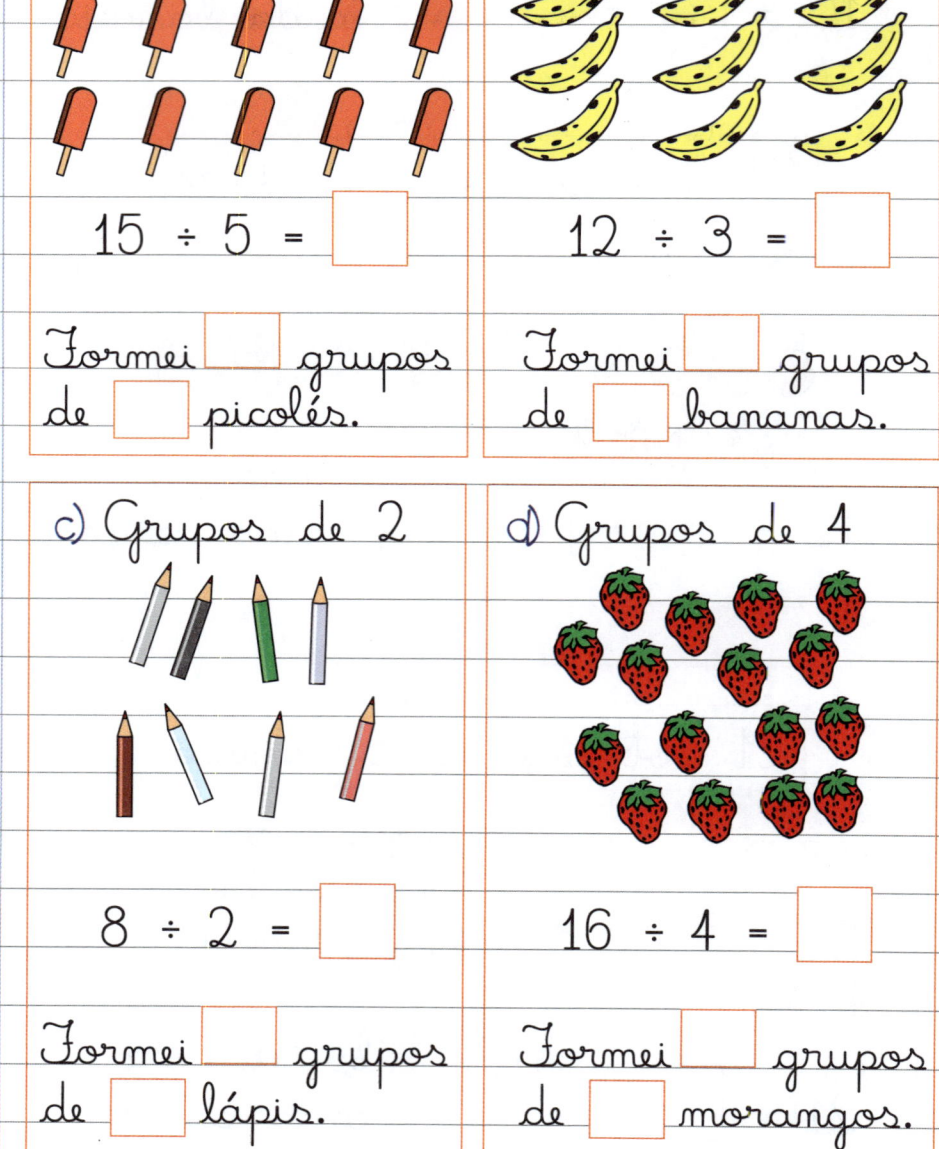

4. Forme grupos com quantidades iguais e complete.

4 × 4 = 16	16 ÷ 4 = 4
4 × 5 = ☐	20 ÷ 4 = ☐
4 × 6 = ☐	24 ÷ 4 = ☐
4 × 7 = ☐	28 ÷ 4 = ☐
4 × 8 = ☐	32 ÷ 4 = ☐
4 × 9 = ☐	36 ÷ 4 = ☐
4 × 10 = ☐	40 ÷ 4 = ☐

5 × 5 = 25	25 ÷ 5 = 5
5 × 6 = ☐	30 ÷ 5 = ☐
5 × 7 = ☐	35 ÷ 5 = ☐
5 × 8 = ☐	40 ÷ 5 = ☐
5 × 9 = ☐	45 ÷ 5 = ☐
5 × 10 = ☐	50 ÷ 5 = ☐

a) Grupos de 5

15 ÷ 5 = ☐

Formei ☐ grupos de ☐ picolés.

b) Grupos de 3

12 ÷ 3 = ☐

Formei ☐ grupos de ☐ bananas.

c) Grupos de 2

8 ÷ 2 = ☐

Formei ☐ grupos de ☐ lápis.

d) Grupos de 4

16 ÷ 4 = ☐

Formei ☐ grupos de ☐ morangos.

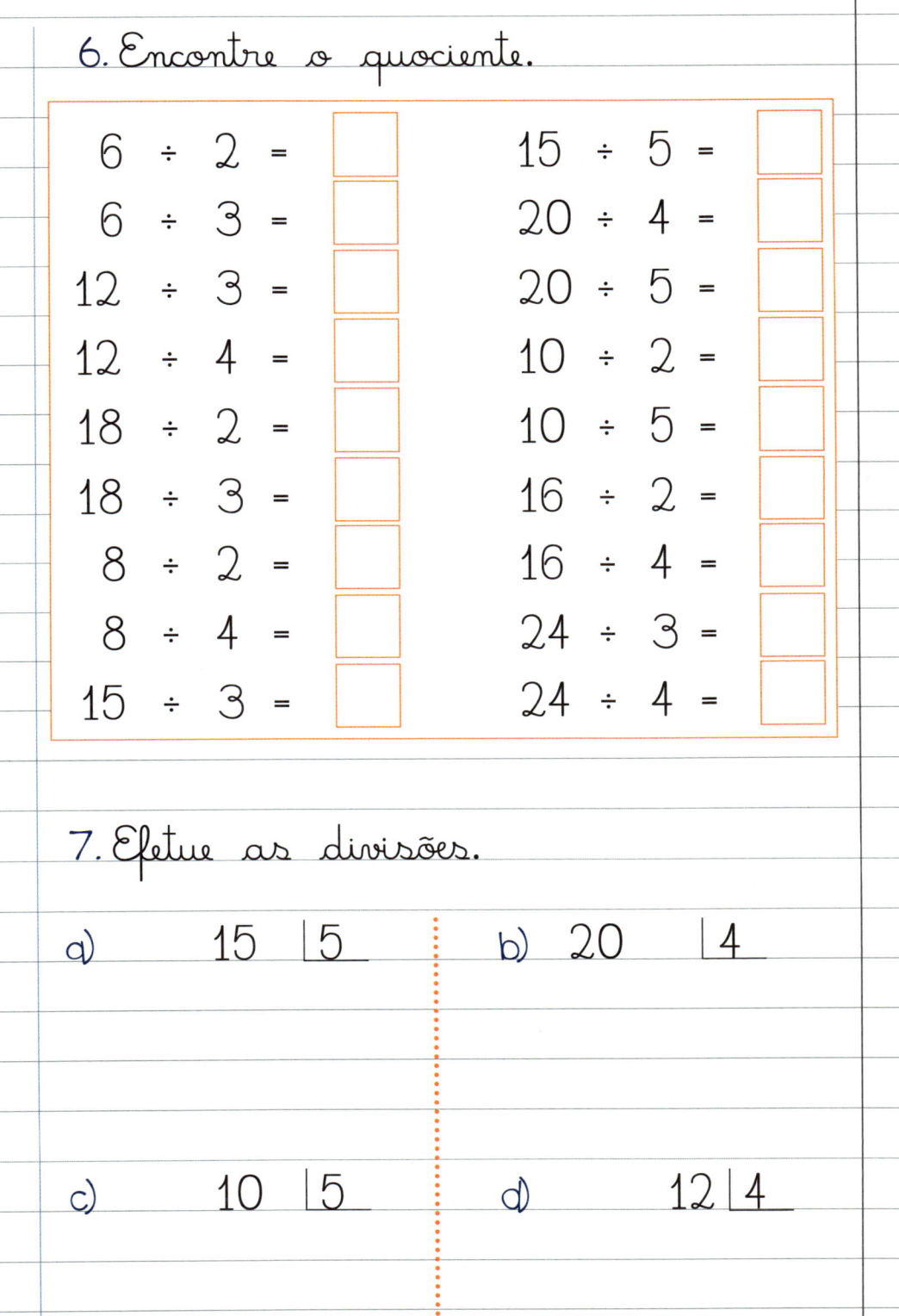

5. Resolva as divisões.

a) 12 ÷ 3 = ☐   b) 20 ÷ 5 = ☐

c) 16 ÷ 4 = ☐   d) 24 ÷ 4 = ☐

e) 9 ÷ 3 = ☐   f) 18 ÷ 3 = ☐

g) 8 ÷ 4 = ☐   h) 15 ÷ 5 = ☐

6. Encontre o quociente.

6 ÷ 2 = ☐   15 ÷ 5 = ☐
6 ÷ 3 = ☐   20 ÷ 4 = ☐
12 ÷ 3 = ☐   20 ÷ 5 = ☐
12 ÷ 4 = ☐   10 ÷ 2 = ☐
18 ÷ 2 = ☐   10 ÷ 5 = ☐
18 ÷ 3 = ☐   16 ÷ 2 = ☐
8 ÷ 2 = ☐   16 ÷ 4 = ☐
8 ÷ 4 = ☐   24 ÷ 3 = ☐
15 ÷ 3 = ☐   24 ÷ 4 = ☐

7. Efetue as divisões.

a) 15 |5   b) 20 |4

c) 10 |5   d) 12 |4

e) 35 |5̲   f) 21 |3̲

g) 25 |5̲   h) 24 |3̲

i) 32 |4̲   j) 20 |2̲

8. Complete a tabuada da divisão.

1 ÷ 1 =	2 ÷ 2 =
2 ÷ 1 =	4 ÷ 2 =
3 ÷ 1 =	6 ÷ 2 =
4 ÷ 1 =	8 ÷ 2 =
5 ÷ 1 =	10 ÷ 2 =
6 ÷ 1 =	12 ÷ 2 =
7 ÷ 1 =	14 ÷ 2 =
8 ÷ 1 =	16 ÷ 2 =
9 ÷ 1 =	18 ÷ 2 =
10 ÷ 1 =	20 ÷ 2 =

3 ÷ 3 =	4 ÷ 4 =
6 ÷ 3 =	8 ÷ 4 =
9 ÷ 3 =	12 ÷ 4 =
12 ÷ 3 =	16 ÷ 4 =
15 ÷ 3 =	20 ÷ 4 =
18 ÷ 3 =	24 ÷ 4 =
21 ÷ 3 =	28 ÷ 4 =
24 ÷ 3 =	32 ÷ 4 =
27 ÷ 3 =	36 ÷ 4 =
30 ÷ 3 =	40 ÷ 4 =

5 ÷ 5 =
10 ÷ 5 =
15 ÷ 5 =
20 ÷ 5 =
25 ÷ 5 =
30 ÷ 5 =
35 ÷ 5 =
40 ÷ 5 =
45 ÷ 5 =
50 ÷ 5 =

9. Mamãe quer guardar 20 laranjas em 5 cestas, cada uma delas com a mesma quantidade de laranjas. Quantas laranjas ela vai colocar em cada cesta?

   Cálculo   Resposta

10. Carla ganhou 8 chocolates. Dividiu-os igualmente entre seus 2 irmãos. Quantos chocolates cada um deles ganhou?

    Cálculo   Resposta

11. Quero distribuir igualmente 15 brinquedos entre 5 crianças. Quantos brinquedos devo dar a cada criança?

    Cálculo   Resposta

12. No carrinho de sorvete de João há 16 picolés. Ele quer distribuí-los igualmente entre 4 crianças. Quantos picolés dará a cada criança?

    Cálculo   Resposta

13. Laura quer colocar 15 peras em 3 caixas, cada uma delas contendo a mesma quantidade de peras. Quantas peras colocará em cada caixa?

    Cálculo   Resposta

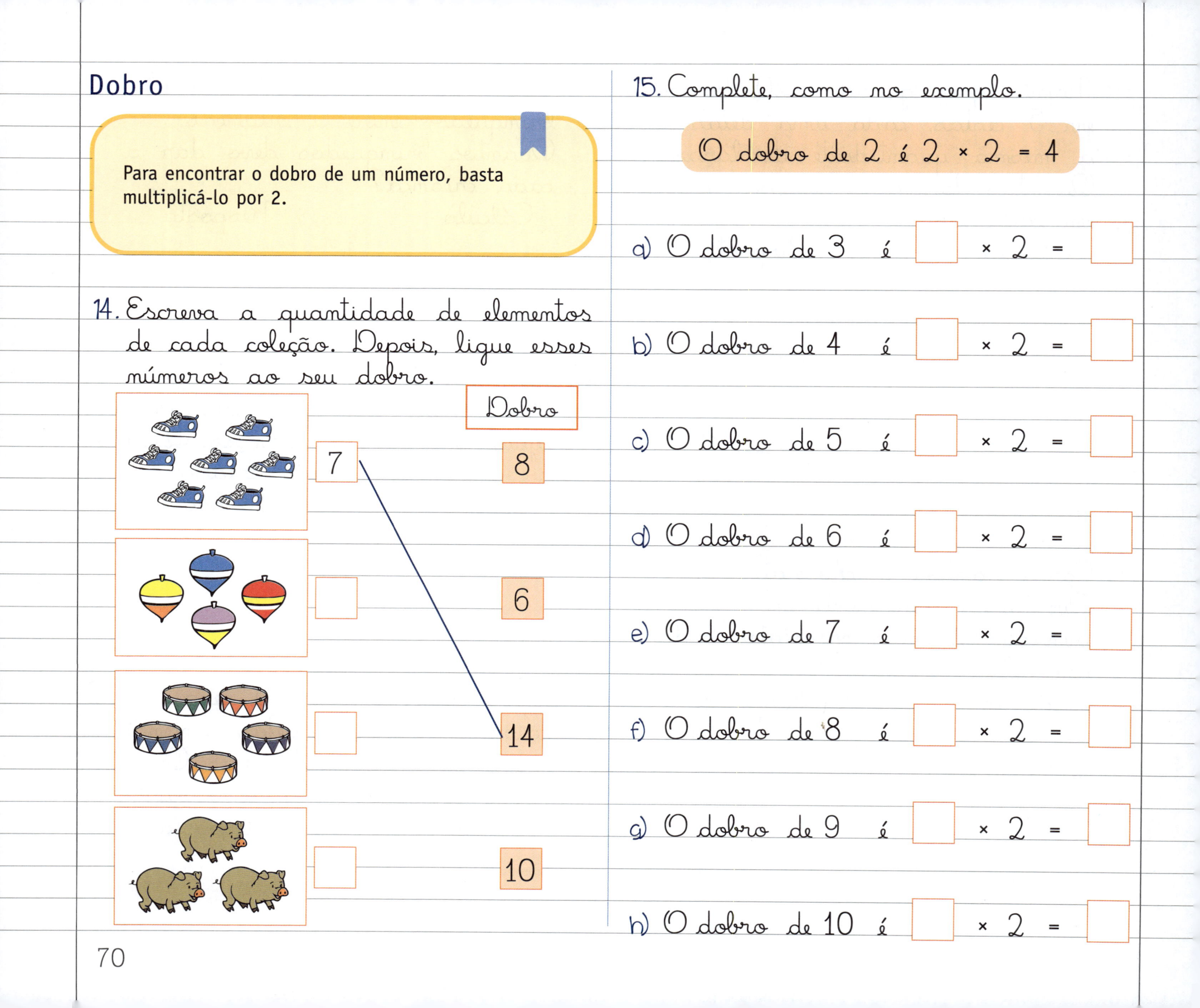

Dobro

> Para encontrar o dobro de um número, basta multiplicá-lo por 2.

14. Escreva a quantidade de elementos de cada coleção. Depois, ligue esses números ao seu dobro.

Coleção	Quantidade	Dobro
tênis	7	8
piões	☐	6
tambores	☐	14
porcos	☐	10

15. Complete, como no exemplo.

> O dobro de 2 é 2 × 2 = 4

a) O dobro de 3 é ☐ × 2 = ☐

b) O dobro de 4 é ☐ × 2 = ☐

c) O dobro de 5 é ☐ × 2 = ☐

d) O dobro de 6 é ☐ × 2 = ☐

e) O dobro de 7 é ☐ × 2 = ☐

f) O dobro de 8 é ☐ × 2 = ☐

g) O dobro de 9 é ☐ × 2 = ☐

h) O dobro de 10 é ☐ × 2 = ☐

16. Observe o exemplo e complete.

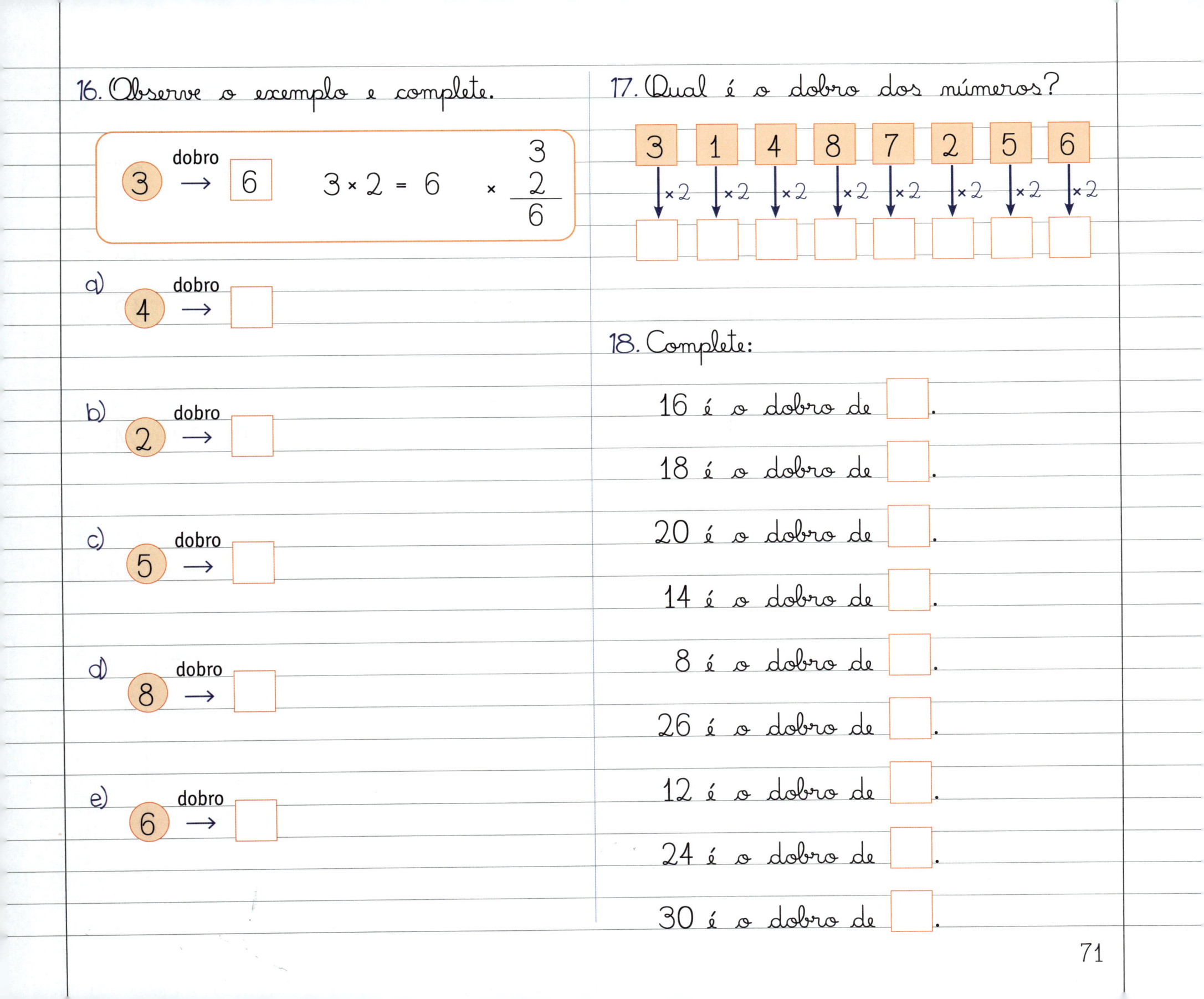

3 →(dobro) 6   3 × 2 = 6   3 × 2 = 6

a) 4 →(dobro) ☐

b) 2 →(dobro) ☐

c) 5 →(dobro) ☐

d) 8 →(dobro) ☐

e) 6 →(dobro) ☐

17. Qual é o dobro dos números?

| 3 | 1 | 4 | 8 | 7 | 2 | 5 | 6 |

×2 ×2 ×2 ×2 ×2 ×2 ×2 ×2

| ☐ | ☐ | ☐ | ☐ | ☐ | ☐ | ☐ | ☐ |

18. Complete:

16 é o dobro de ☐.

18 é o dobro de ☐.

20 é o dobro de ☐.

14 é o dobro de ☐.

8 é o dobro de ☐.

26 é o dobro de ☐.

12 é o dobro de ☐.

24 é o dobro de ☐.

30 é o dobro de ☐.

Metade

> Para encontrar a metade de um número, dividimos esse número por 2.

19. Separe cada grupo em duas metades.

a) b) c) d)

20. Pinte a metade dos objetos de cada grupo.

a) b) c) d)

21. Qual é a metade de cada número?

÷ 2

2	4	6	8	10	12

÷ 2

14	16	18	20	22	24

22. Complete os esquemas com a metade de cada número.

	Metade
18	
6	
12	
20	
26	
8	
14	

	Metade
24	
10	
4	
22	
16	
28	
30	

23. Complete.

2 é a metade de ☐.

3 é a metade de ☐.

9 é a metade de ☐.

6 é a metade de ☐.

7 é a metade de ☐.

4 é a metade de ☐.

8 é a metade de ☐.

5 é a metade de ☐.

10 é a metade de ☐.

12 é a metade de ☐.

11 é a metade de ☐.

15 é a metade de ☐.

Triplo

> Para encontrar o triplo de um número, basta multiplicá-lo por 3.

24. Complete.

a) O triplo de 2 é 2 × 3 = 6

b) O triplo de 3 é ☐ × 3 = ☐

c) O triplo de 4 é ☐ × 3 = ☐

d) O triplo de 5 é ☐ × 3 = ☐

e) O triplo de 6 é ☐ × 3 = ☐

f) O triplo de 7 é ☐ × 3 = ☐

g) O triplo de 8 é ☐ × 3 = ☐

h) O triplo de 9 é ☐ × 3 = ☐

i) O triplo de 10 é ☐ × 3 = ☐

25. Qual é o triplo dos números?

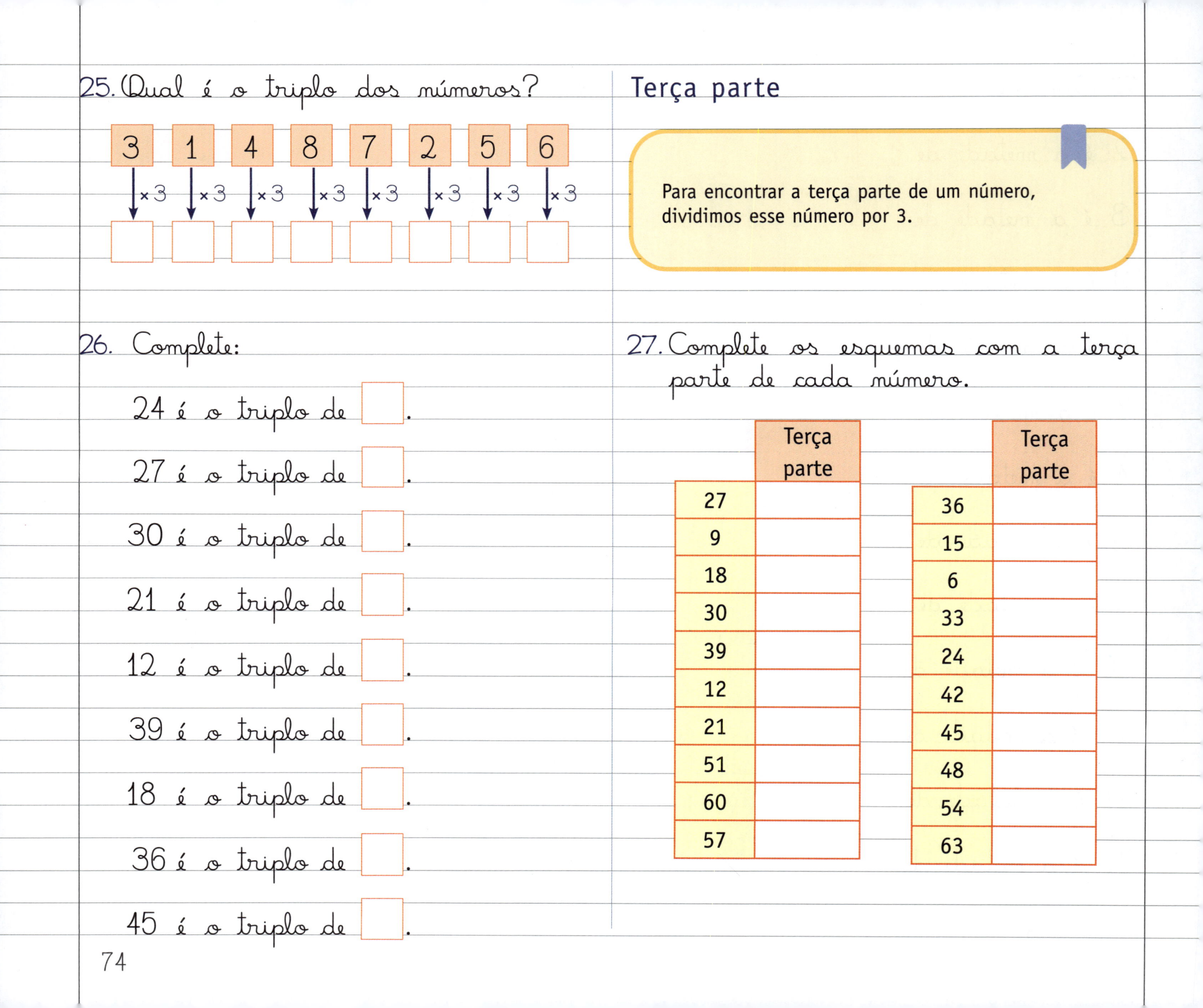

3	1	4	8	7	2	5	6
×3	×3	×3	×3	×3	×3	×3	×3

Terça parte

> Para encontrar a terça parte de um número, dividimos esse número por 3.

26. Complete:

24 é o triplo de ☐.

27 é o triplo de ☐.

30 é o triplo de ☐.

21 é o triplo de ☐.

12 é o triplo de ☐.

39 é o triplo de ☐.

18 é o triplo de ☐.

36 é o triplo de ☐.

45 é o triplo de ☐.

27. Complete os esquemas com a terça parte de cada número.

	Terça parte
27	
9	
18	
30	
39	
12	
21	
51	
60	
57	

	Terça parte
36	
15	
6	
33	
24	
42	
45	
48	
54	
63	

28. Complete.

3 é a terça parte de ☐.

5 é a terça parte de ☐.

10 é a terça parte de ☐.

4 é a terça parte de ☐.

6 é a terça parte de ☐.

11 é a terça parte de ☐.

Problemas

29. Comprei 6 telas para pintar, mas só consegui pintar a metade. Quantas telas pintei?

Resposta: Pintei ☐ telas.

30. Silvinha tem 14 anos. Marquinhos tem a metade da idade de Silvinha. Quantos anos Marquinhos tem?

Resposta: Marquinhos tem ☐ anos.

31. João tem 9 anos, e a idade de sua irmã Bete é a terça parte desse número.

Resposta: Bete tem ☐ anos.

32. Tenho 32 figurinhas para colar em um álbum de futebol, mas só vou usar a metade. Quantas figurinhas vou usar?

Resposta: Vou usar ☐ figurinhas para colar no álbum.

33. Em um caderno de 48 páginas, a metade deve ser para Língua Portuguesa e a outra metade pra Matemática. Quantas páginas terá cada disciplina?

Resposta: Língua Portuguesa terá ☐ páginas e Matemática terá ☐ páginas.

Bloco 12: Grandezas e medidas

CONTEÚDO

MEDIDAS DE TEMPO
- O relógio
- As horas e os minutos
- Passagem do tempo
- Intervalo de tempo entre duas datas

MEDIDAS DE TEMPO

O relógio

O relógio é um instrumento usado para medir o tempo.

No relógio de ponteiros, o ponteiro menor marca as horas e o ponteiro maior marca os minutos.

As marcas entre os números indicam os minutos.

1 hora tem 60 minutos e meia hora tem 30 minutos.

O dia tem 24 horas.

As horas e os minutos

1. Observe o relógio e complete.

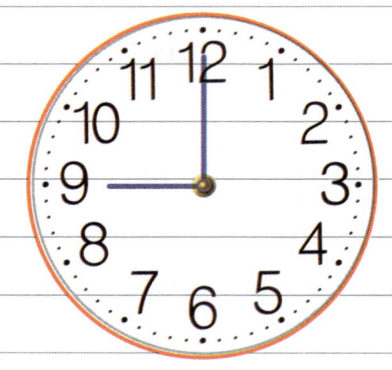

a) Os números vão de 1 a ☐.

b) O ponteiro pequeno está apontando para o número ☐.

Ele marca as _____.

c) O ponteiro grande está apontando para o número ☐.

Ele marca os _____.

d) O relógio está marcando ☐ horas.

e) Em 1 hora temos ☐ minutos.

2. Que horas são?

☐ 2 horas   ☐ 5 horas

☐ 8 horas   ☐ 9 horas

☐ 6 horas   ☐ 10 horas

3. Desenhe os ponteiros dos relógios de acordo com as horas indicadas.

7 horas   4 horas

12 horas   11 horas

1 hora   3 horas

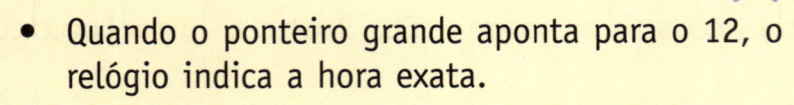

- Quando o ponteiro grande aponta para o 12, o relógio indica a hora exata.
- Quando o ponteiro grande aponta para o 6, o relógio indica meia hora ou 30 minutos.

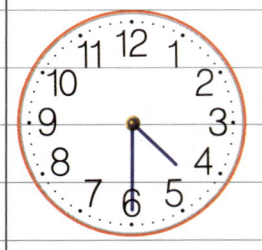

4:30 — 4 horas e meia ou 4 horas e 30 minutos

4. Que horas indicam os relógios?

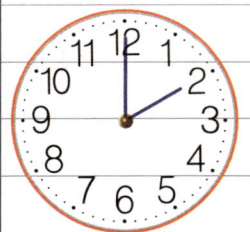

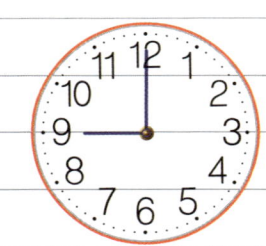

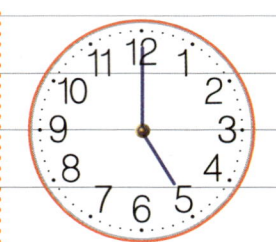

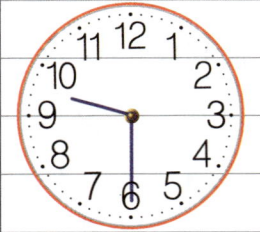

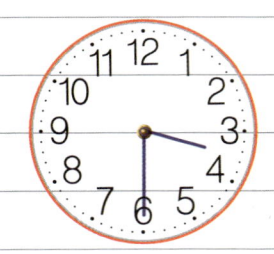

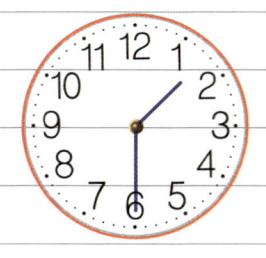

5. Desenhe os ponteiros dos relógios de acordo com as horas indicadas.

a) Acordei às 6 horas.

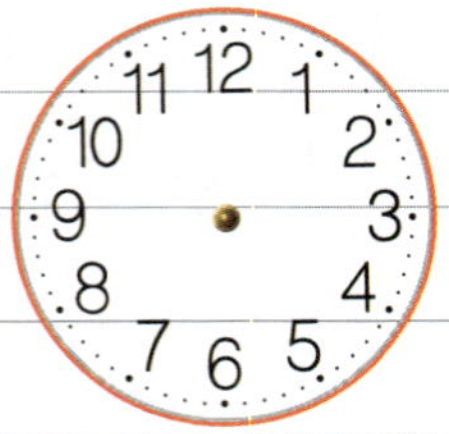

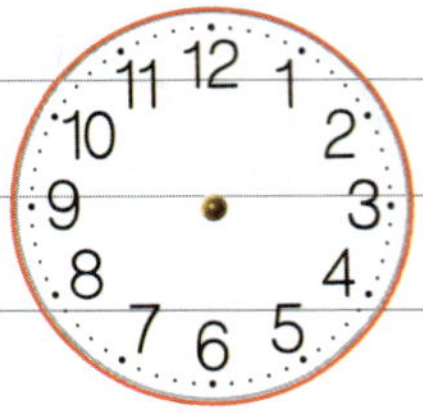

b) Saí às 2 horas e 30 minutos.

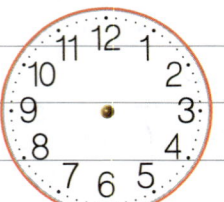

c) Tomei banho às 4 horas.

d) Dormi às 9 horas e 30 minutos.

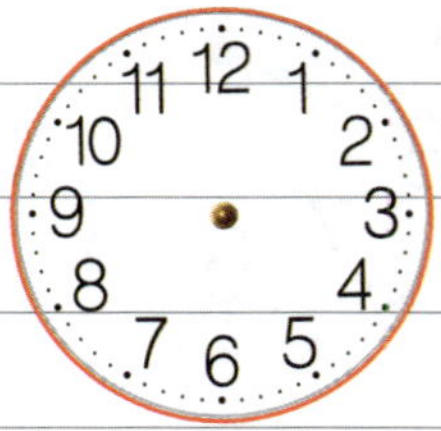

6. Marque no relógio a hora em que você sai de casa para ir à escola.

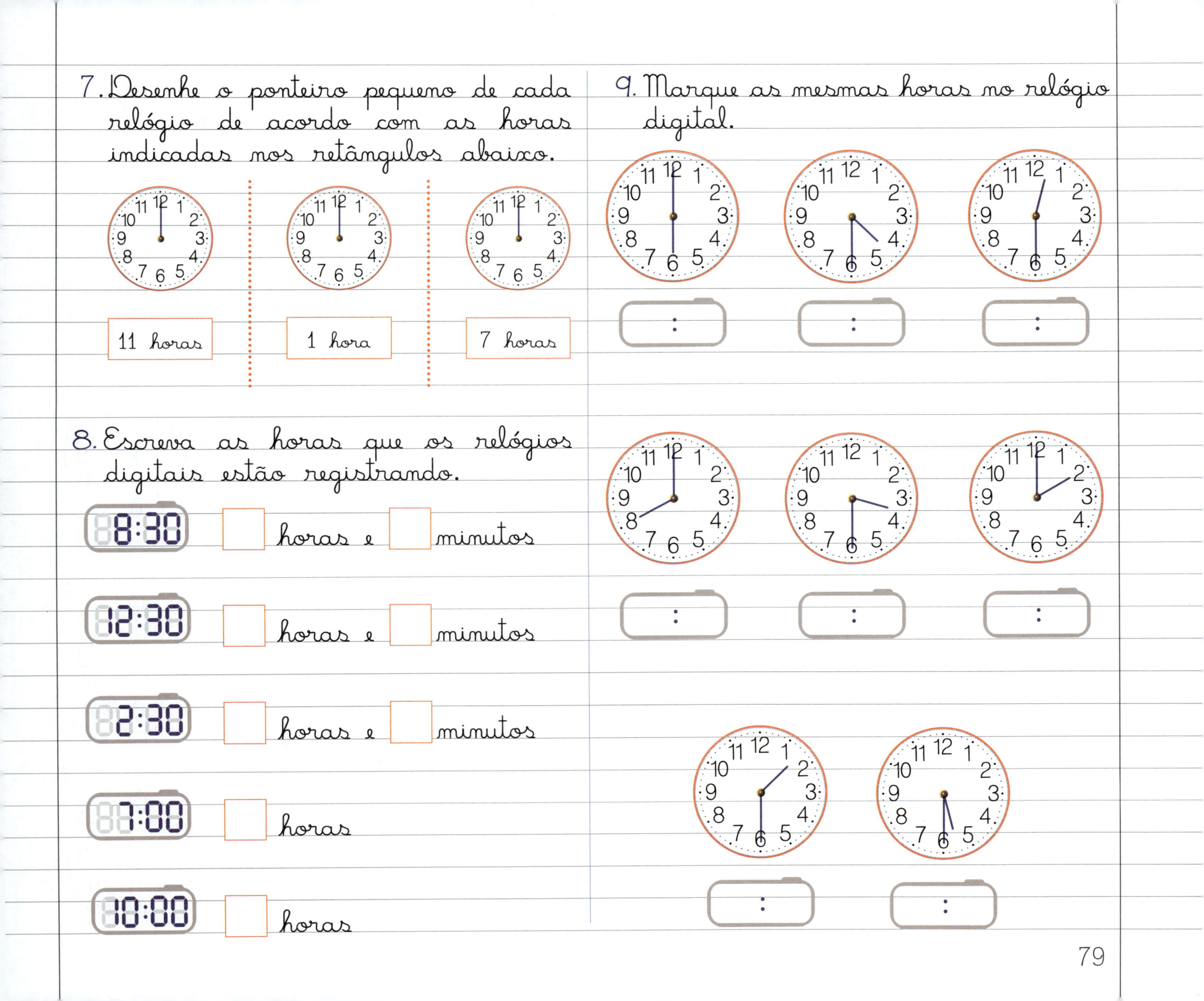

7. Desenhe o ponteiro pequeno de cada relógio de acordo com as horas indicadas nos retângulos abaixo.

| 11 horas | 1 hora | 7 horas |

8. Escreva as horas que os relógios digitais estão registrando.

8:30 → ☐ horas e ☐ minutos

12:30 → ☐ horas e ☐ minutos

2:30 → ☐ horas e ☐ minutos

7:00 → ☐ horas

10:00 → ☐ horas

9. Marque as mesmas horas no relógio digital.

79

Passagem do tempo

10. Marque e indique a hora em cada relógio, observando o tempo transcorrido. Observe o exemplo.

🕔 → meia hora mais tarde → 🕠

5 horas.   5 horas e 30 minutos.

🕤 → meia hora mais tarde → 🕙

☐ horas e ☐ minutos.   ☐ horas.

🕑 → uma hora mais tarde → 🕒

☐ horas.   ☐ horas.

🕚 → uma hora mais tarde → 🕛

☐ horas.   ☐ horas.

11. Ligue os relógios que marcam a mesma hora.

🕕   1:30   🕛

🕐   1:00   🕛

🕑   6:00   🕐

🕣   5:30   🕕

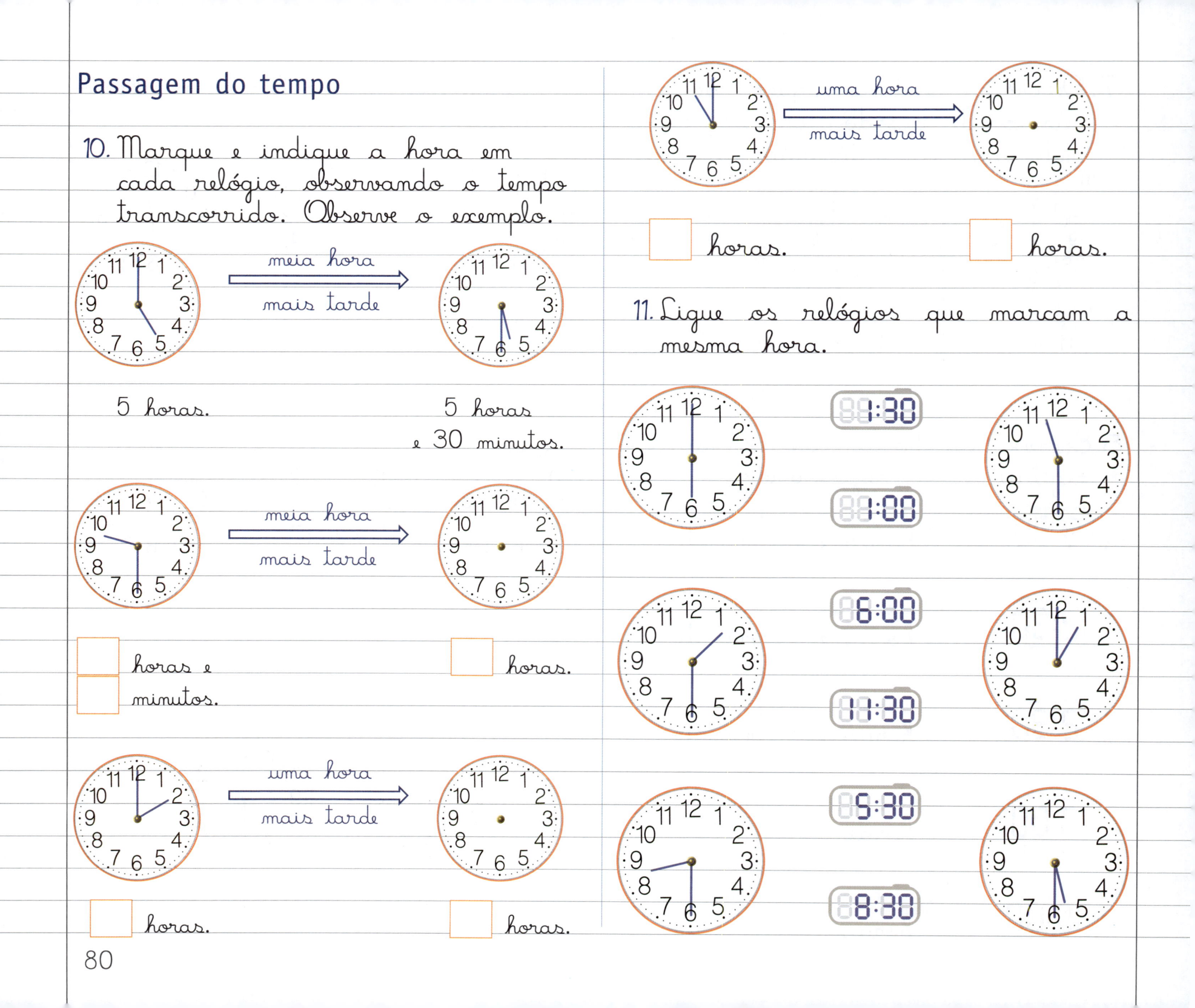

     8:30

12. Responda.

a) Quais são os números que normalmente aparecem num relógio de ponteiros?

b) Num relógio, para que serve o ponteiro pequeno?

E o ponteiro grande?

c) Quantas horas tem um dia?

d) Quantos minutos tem uma hora?

e) Quantos minutos tem meia hora?

Intervalo de tempo entre duas datas

13. André faz aniversário no dia 20 de maio.
Hoje é dia 10 de abril. Quantos dias faltam para o aniversário de André?

14. Bete pergunta: "Quantos dias faltam para o Natal?"
Sua mãe responde: "Ainda vai demorar. Faltam 5 meses."
Em que dia e mês estavam?

15. João nasceu no dia 10 de setembro de 2010.
Em que dia e ano João vai completar 18 anos?

16. Em que dia e ano você vai completar 18 anos?

Bloco 13: Grandezas e medidas

CONTEÚDO

MEDIDAS DE COMPRIMENTO
- O centímetro
- O milímetro
- O metro

MEDIDAS DE CAPACIDADE
- O litro e o mililitro

MEDIDAS DE MASSA
- O quilograma e o grama

MEDIDAS DE COMPRIMENTO

O centímetro

O símbolo do centímetro é **cm**.

A régua é um instrumento de medida de comprimento. Ela está dividida em partes iguais, chamadas **centímetros**.

A régua serve para medir objetos pequenos.

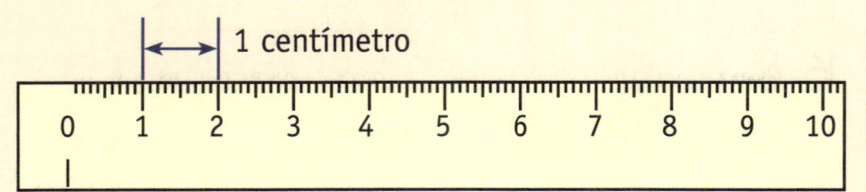

1 centímetro

1. Observe a figura e responda.

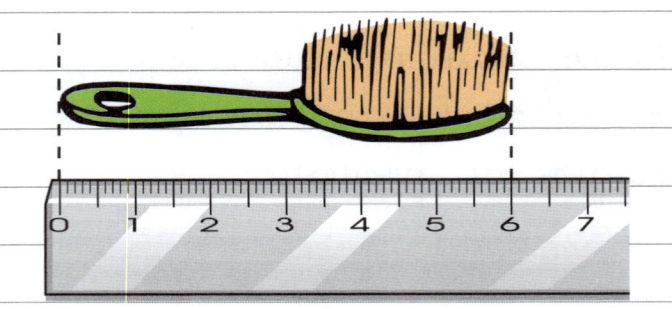

a) A escova tem ☐ cm.

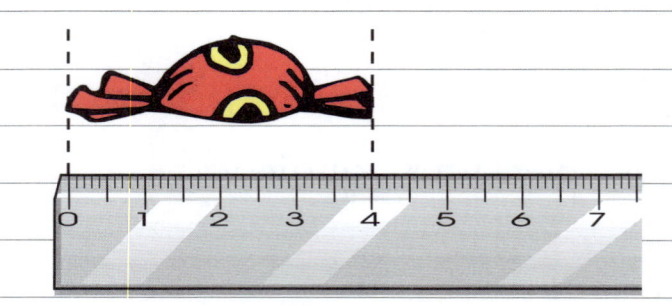

b) O bombom tem ☐ cm.

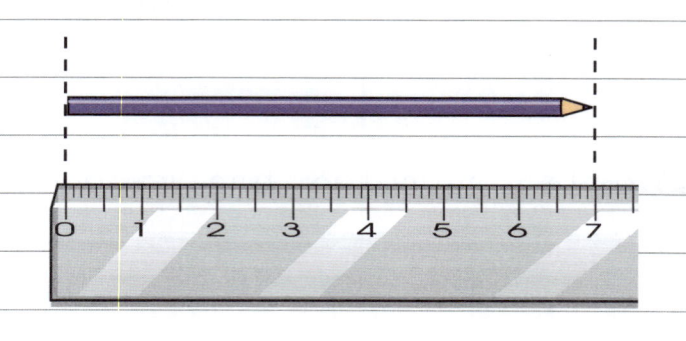

c) O lápis tem ☐ cm.

2. Use a régua e meça quantos centímetros de comprimento têm seus objetos:

☐ centímetros

☐ centímetros

☐ centímetros

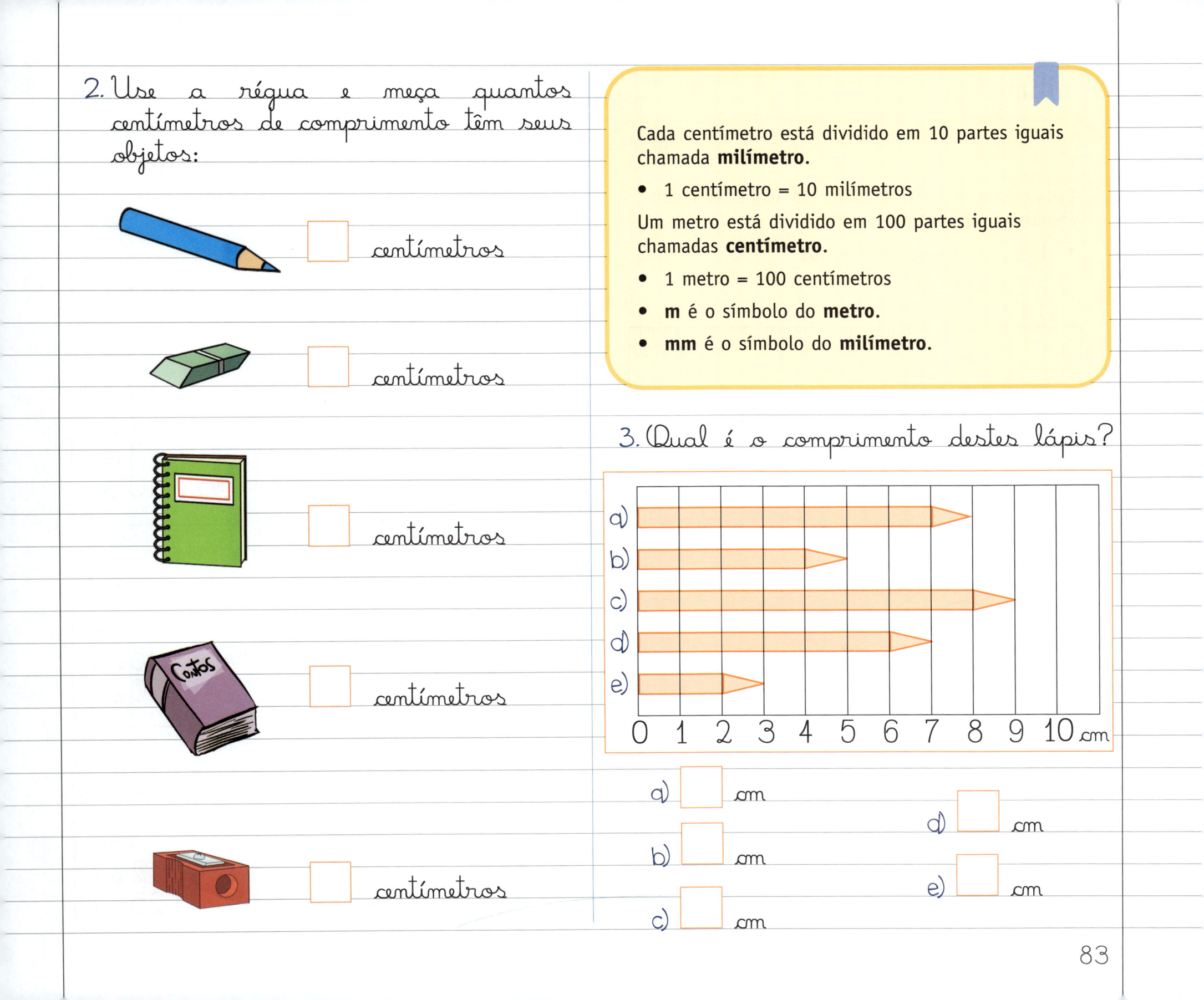

☐ centímetros

☐ centímetros

> Cada centímetro está dividido em 10 partes iguais chamada **milímetro**.
> - 1 centímetro = 10 milímetros
>
> Um metro está dividido em 100 partes iguais chamadas **centímetro**.
> - 1 metro = 100 centímetros
> - **m** é o símbolo do **metro**.
> - **mm** é o símbolo do **milímetro**.

3. Qual é o comprimento destes lápis?

a) ☐ cm

b) ☐ cm

c) ☐ cm

d) ☐ cm

e) ☐ cm

O milímetro

Cada centímetro está dividido em 10 partes iguais chamadas **milímetros**.

- 1 centímetro = 10 milímetros

O metro

Um metro está dividido em 100 partes iguais chamadas **centímetro**.

- 1 metro = 100 centímetros
- **m** é o símbolo do **metro**.
- **mm** é o símbolo do **milímetro**.

4. Responda:

a) Quantos milímetros mede a espessura do seu livro?

b) Quantos milímetros mede a espessura da sua borracha?

5. Faça uma estimativa e circule a medida que mais se aproxima da realidade.

- 5 cm / 17 cm / 18 cm
- 1 cm / 3 cm / 10 cm 
- 4 cm / 10 cm / 15 cm
- 3 cm / 15 cm / 30 cm 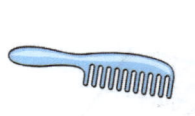
- 4 cm / 10 cm / 15 cm 
- 3 cm / 12 cm / 25 cm

6. Complete.

a) Em 1 centímetro temos _____ milímetros.

b) Em 5 centímetros temos _____ milímetros.

c) Em 1 metro temos _____ centímetros.

d) Em meio metro temos _____ centímetros.

e) Em 1 metro e meio temos _____ centímetros.

f) Dez milímetros correspondem a _____ centímetros.

g) Cem centímetros é o mesmo que _____ metro.

h) O meu palmo mede _____ centímetros.

MEDIDAS DE CAPACIDADE

O litro e o mililitro

A unidade **litro** serve para medir a quantidade de líquido que cabe nos recipientes.
- **L** é o símbolo do litro.
- Em 1 litro cabem 1000 mililitros.
- 1 L = 1000 mL

7. Contorne o que compramos em litros.

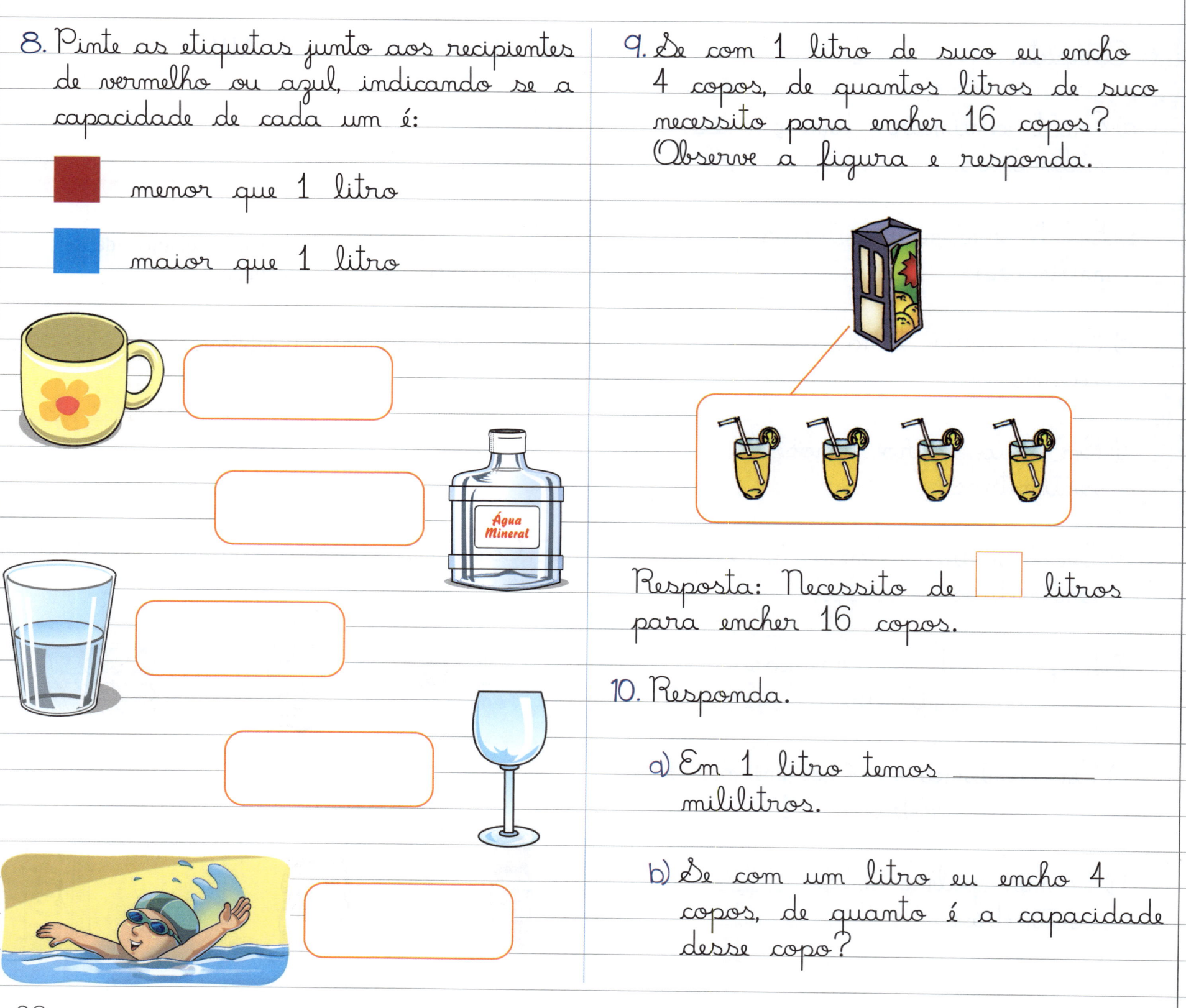

8. Pinte as etiquetas junto aos recipientes de vermelho ou azul, indicando se a capacidade de cada um é:

🟥 menor que 1 litro

🟦 maior que 1 litro

9. Se com 1 litro de suco eu encho 4 copos, de quantos litros de suco necessito para encher 16 copos? Observe a figura e responda.

Resposta: Necessito de ☐ litros para encher 16 copos.

10. Responda.

a) Em 1 litro temos _____ mililitros.

b) Se com um litro eu encho 4 copos, de quanto é a capacidade desse copo?

86

c) Se com um litro eu encho 5 copos, de quanto é a capacidade desse copo?

11. Faça uma lista de mercadorias que compramos por litro.

MEDIDAS DE MASSA

O quilograma e o grama

A unidade usada para medir a massa dos objetos é o **quilograma**, popularmente chamado de "quilo". Seu símbolo é **kg**.

Para objetos mais leves utilizamos o **grama**. Seu símbolo é **g**.

1 quilograma corresponde a 1 000 gramas.

1 kg = 1 000 g

A balança é o instrumento usado para medir a massa de um objeto, uma pessoa, um produto etc.

Balança de farmácia.

Balança de dois pratos.

Balança de cozinha.

Balança corporal.

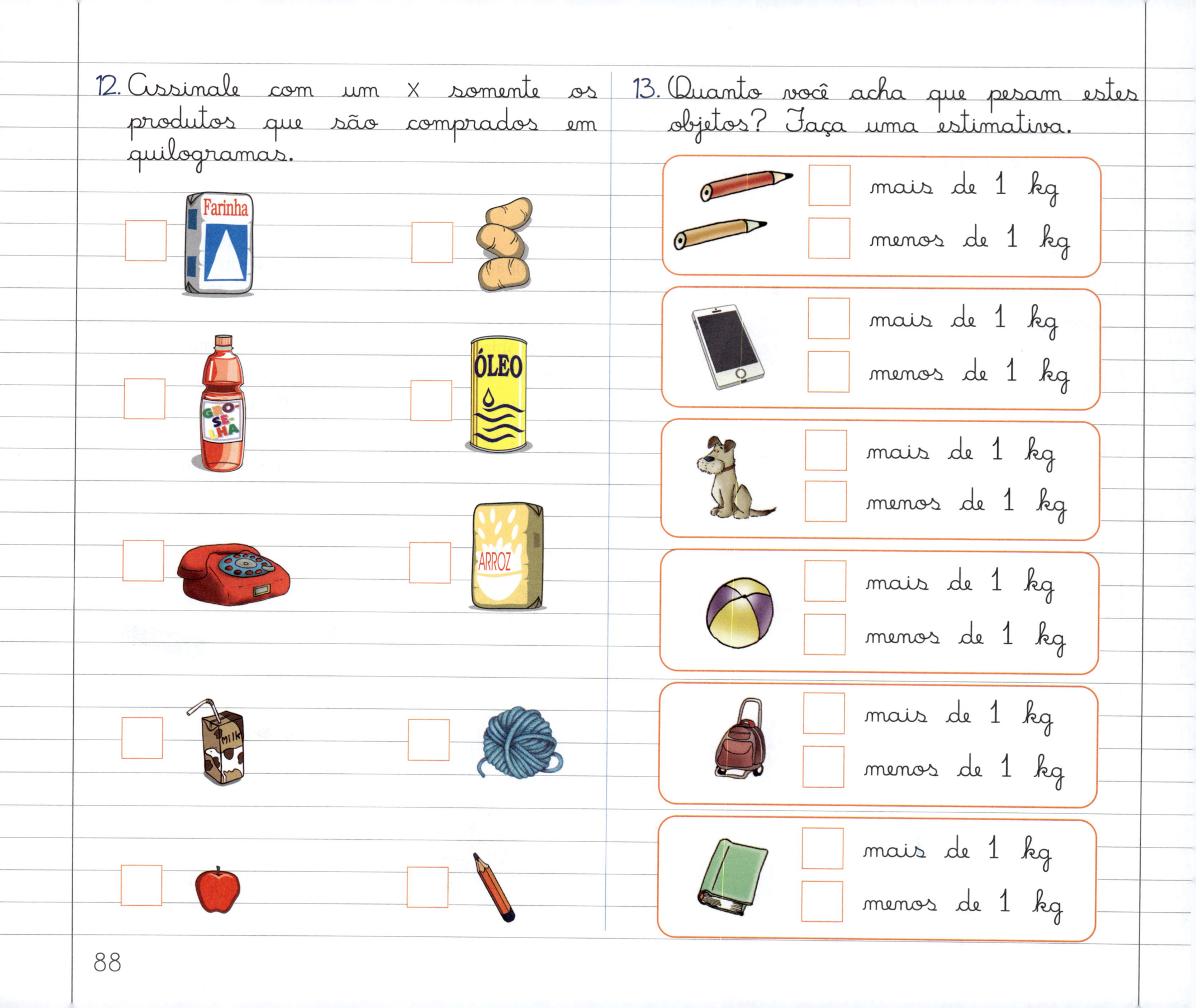

12. Assinale com um X somente os produtos que são comprados em quilogramas.

☐ Farinha ☐ (batatas)

☐ (garrafa de groselha) ☐ ÓLEO

☐ (telefone) ☐ ARROZ

☐ (caixa de leite) ☐ (novelo de lã)

☐ (maçã) ☐ (lápis)

13. Quanto você acha que pesam estes objetos? Faça uma estimativa.

(lápis)
☐ mais de 1 kg
☐ menos de 1 kg

(celular)
☐ mais de 1 kg
☐ menos de 1 kg

(cachorro)
☐ mais de 1 kg
☐ menos de 1 kg

(bola)
☐ mais de 1 kg
☐ menos de 1 kg

(mochila)
☐ mais de 1 kg
☐ menos de 1 kg

(livro)
☐ mais de 1 kg
☐ menos de 1 kg

Bloco 14: Probabilidade e estatística

CONTEÚDO
- Provável, improvável ou impossível?
- Tabelas e gráficos

Provável, improvável ou impossível?

1. Sandro, Luísa, Celso e Renato estão brincando de amarelinha.

Observe o desenho e responda.
Em que número se encontra:

a) Renato: _____

b) Luísa: _____

c) Sandro: _____

d) Celso: _____

e) Quem provavelmente ganhará o jogo? Por quê?

f) Quem é improvável que ganhe o jogo? Por quê?

2. Analise cada situação e classifique em:

(A) Pouco provável.
(B) Muito provável.
(C) Improvável.
(D) Impossível.

( ) Bento é ótimo aluno. Ele será aprovado nas provas finais.

( ) Vai chover todos os dias no mês de abril.

( ) Clarissa tem 7 anos. No próximo ano ela vai fazer 12 anos.

Tabelas e gráficos

3. A professora do 2º ano realizou uma pesquisa para saber qual é o sabor de gelatina preferido de seus alunos.

SABOR DE GELATINA PREFERIDO DOS ALUNOS DO 2º ANO A

Sabor	Limão	Morango	Uva	Laranja
Número de votos	6	10	7	8

Complete o gráfico de colunas ao lado, usando as informações da tabela. Um voto de cada sabor já está registrado.
Observando o gráfico que você completou, responda:

a) Qual foi o sabor preferido?

b) Qual foi o sabor menos votado?

c) Quantas pessoas preferiram o sabor uva?

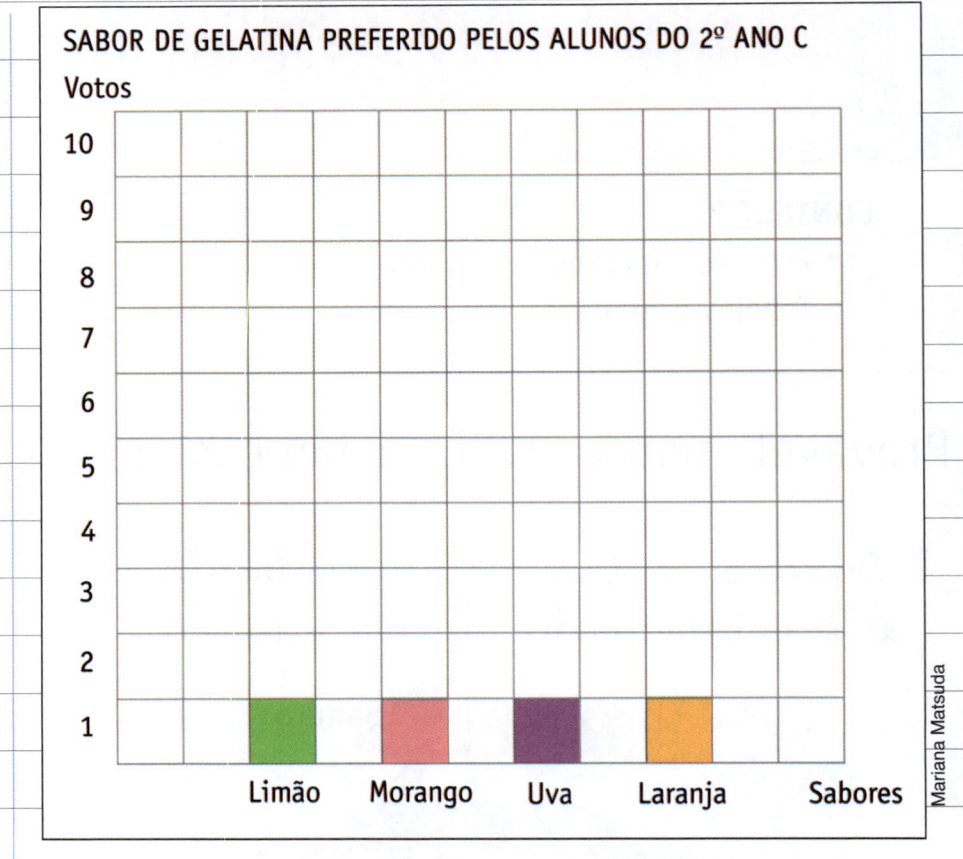

d) Quantos alunos responderam à pesquisa?

e) Qual é o seu sabor preferido de gelatina?

4. Veja os adesivos que Luana juntou com o tema "praia".

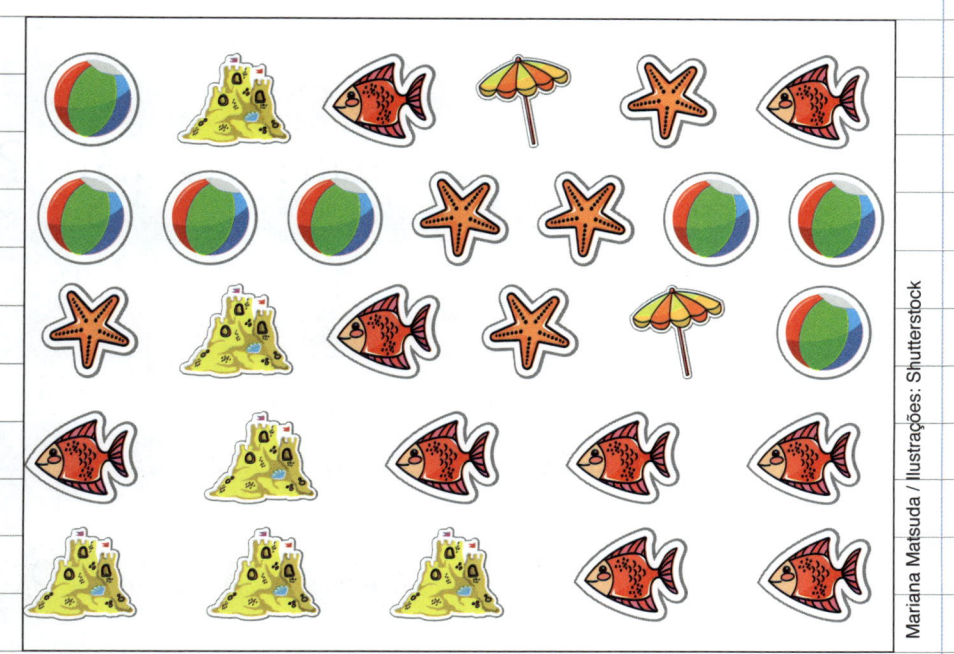

a) Conte os adesivos e complete a tabela.

Adesivo	🏐	⭐	☂	🐟	🏰
Quantidade					

Adesivos de Luana com o tema "Praia"

b) Complete este gráfico de barras para mostrar a quantidade de cada tipo de adesivo de Luana.

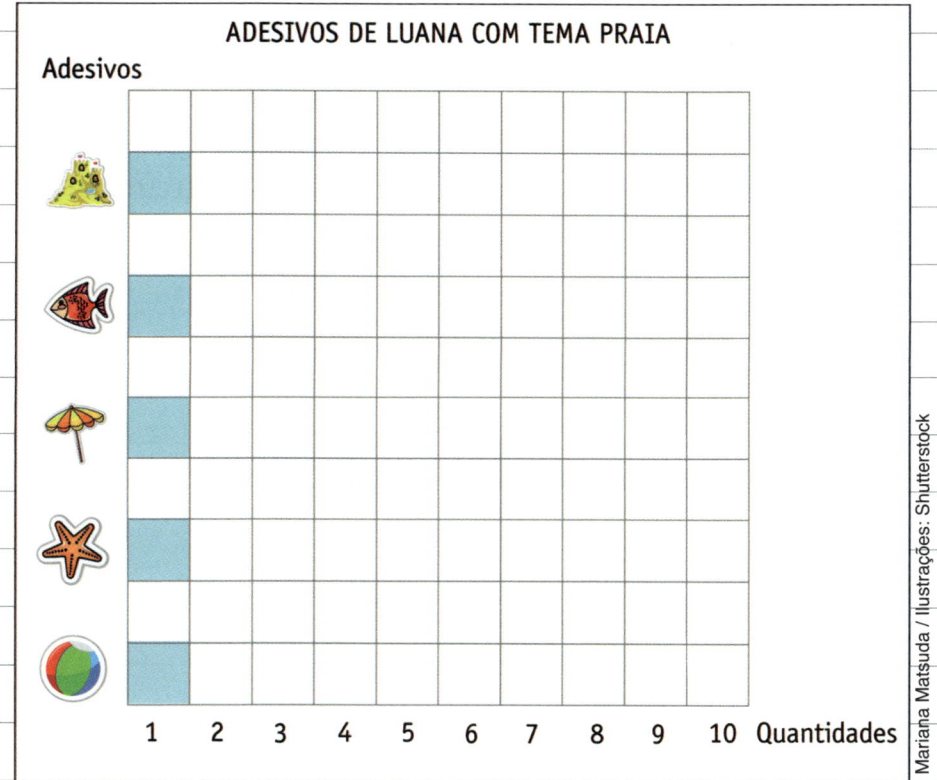

ADESIVOS DE LUANA COM TEMA PRAIA

Observe o gráfico e responda.

c) Quantos adesivos tem Luana?

d) Qual tipo de adesivo ela tem em maior quantidade? Quantos?

e) Qual tipo de adesivo ela tem em menor quantidade? Quantos?

5. Observe o gráfico.

QUANTIDADE DE ALUNOS NAS DEPENDÊNCIAS DA ESCOLA

Quantidade de alunos

(gráfico de barras: Refeitório = 9, Sala de Aula = 4, Pátio = 6)

Mariana Matsuda

a) Quantos alunos estão na sala de aula?

( ) 9   ( ) 4   ( ) 6

b) Quantos alunos estão no pátio?

( ) 9   ( ) 4   ( ) 6

c) Quantos alunos estão no refeitório?

( ) 9   ( ) 4   ( ) 6

d) Este gráfico mostra quantos alunos?

( ) 20   ( ) 18   ( ) 19

e) O que você pode concluir, ou supor, olhando esse gráfico?

MOEDAS DO REAL

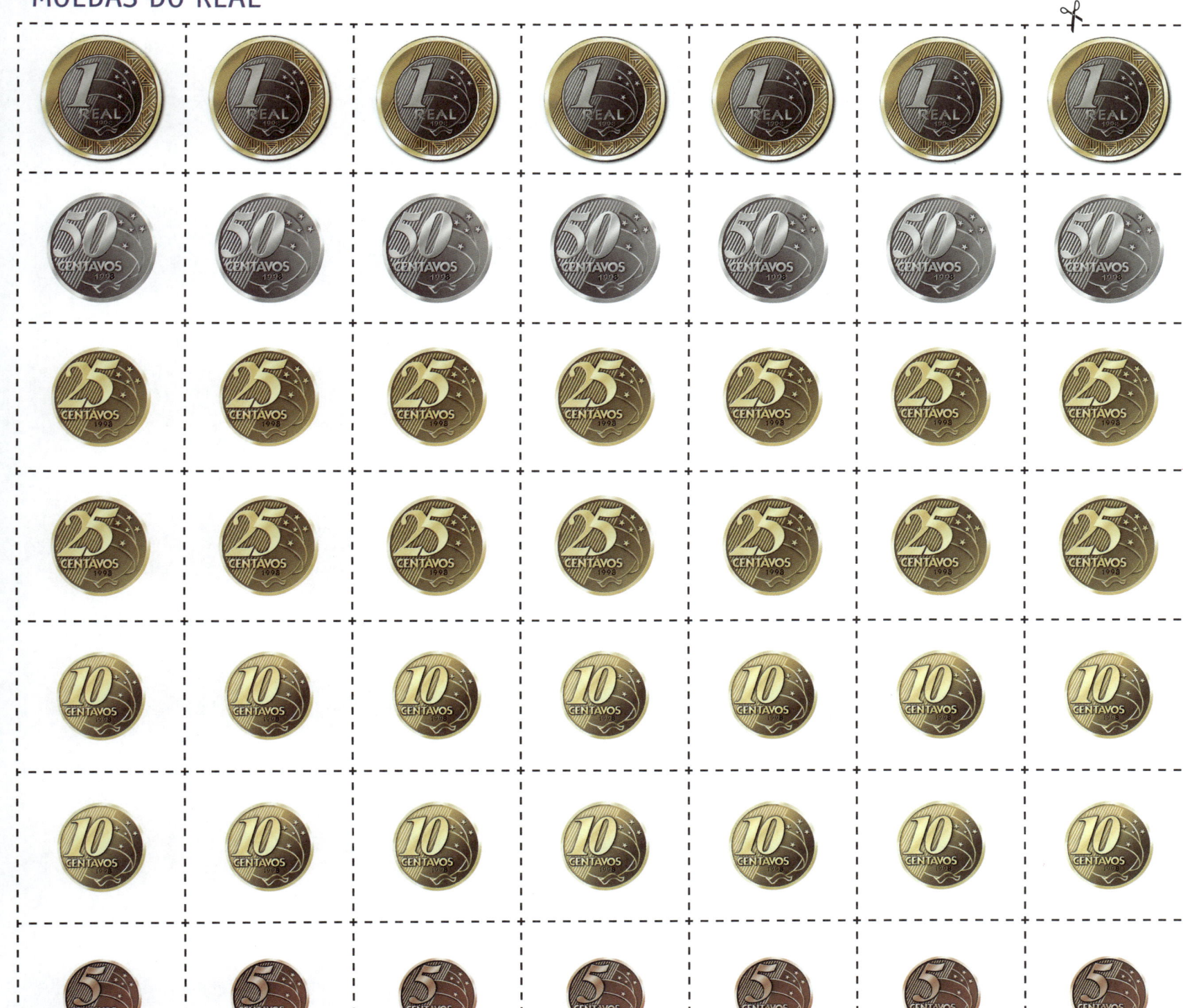

CÉDULAS DO REAL

MATERIAL DOURADO

1) Para construir este material, peça a ajuda de um adulto.
2) Antes de recortar as peças, cole o verso desta página em uma cartolina: o material ficará mais resistente e mais fácil de manusear.
3) Cuidado ao usar a tesoura para evitar acidentes! Utilize tesoura com pontas arredondadas.

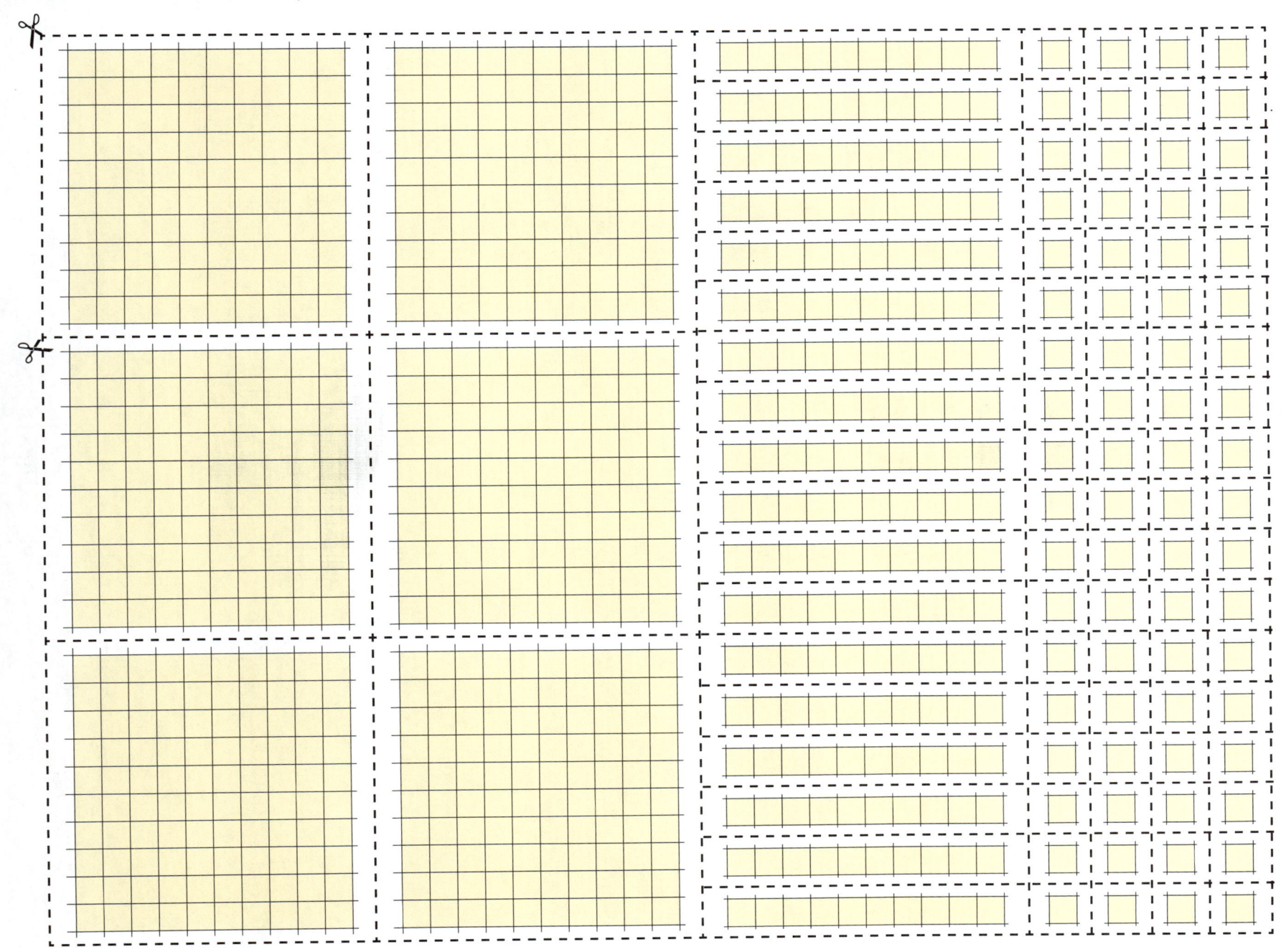

RELÓGIO DE PONTEIROS

eixo dos ponteiros

LOCALIZAÇÃO

PLANIFICAÇÃO DO BLOCO

_____ Recortar
- - - - - - - - Dobrar

PLANIFICAÇÃO DA PIRÂMIDE DE BASE QUADRADA

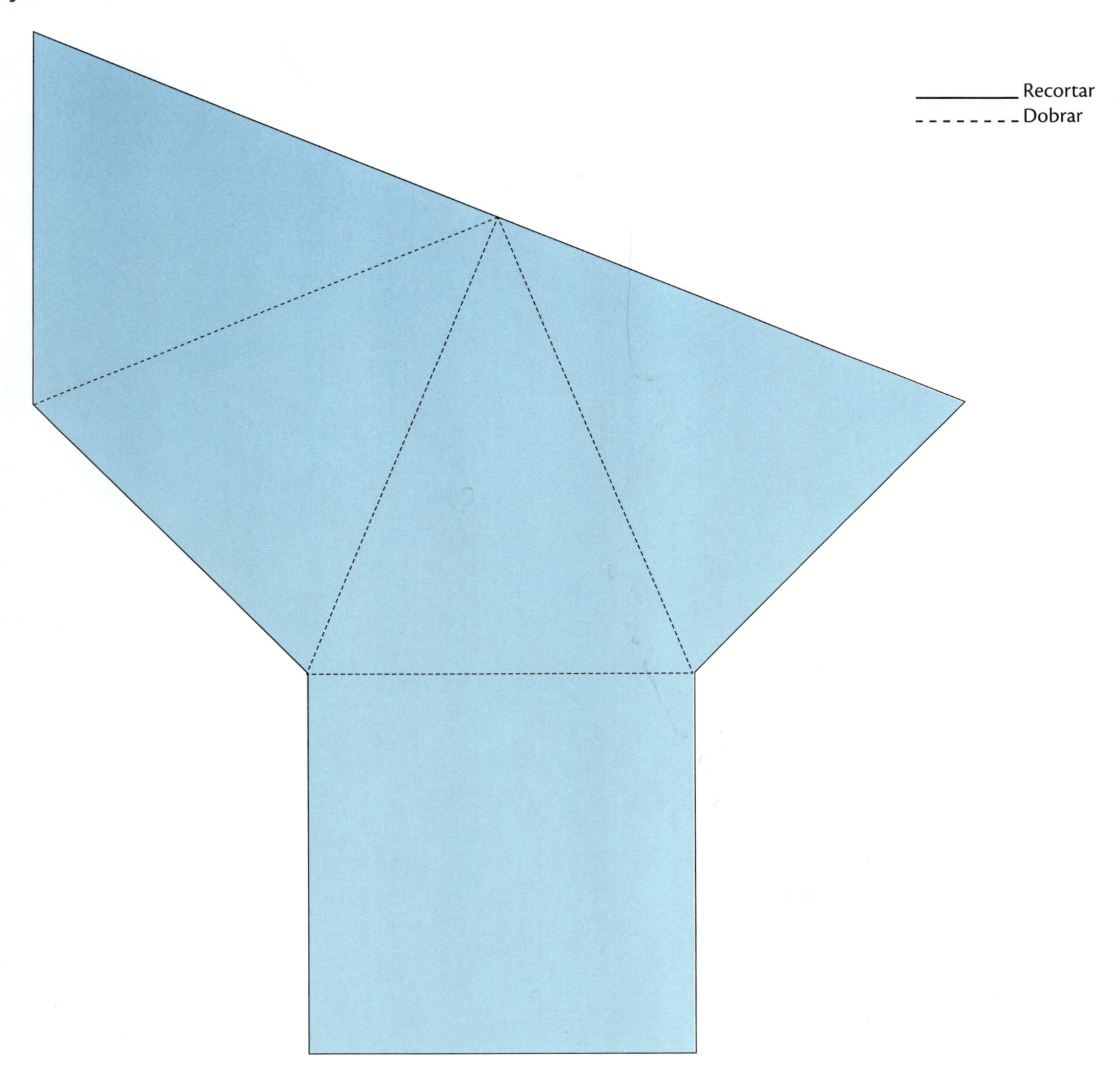

——————— Recortar
- - - - - - - Dobrar

PLANIFICAÇÃO DO CUBO

———— Recortar
- - - - - - - Dobrar

FRAÇÕES

Um inteiro (1); metade ($\frac{1}{2}$); um terço ($\frac{1}{3}$); um quarto ($\frac{1}{4}$).

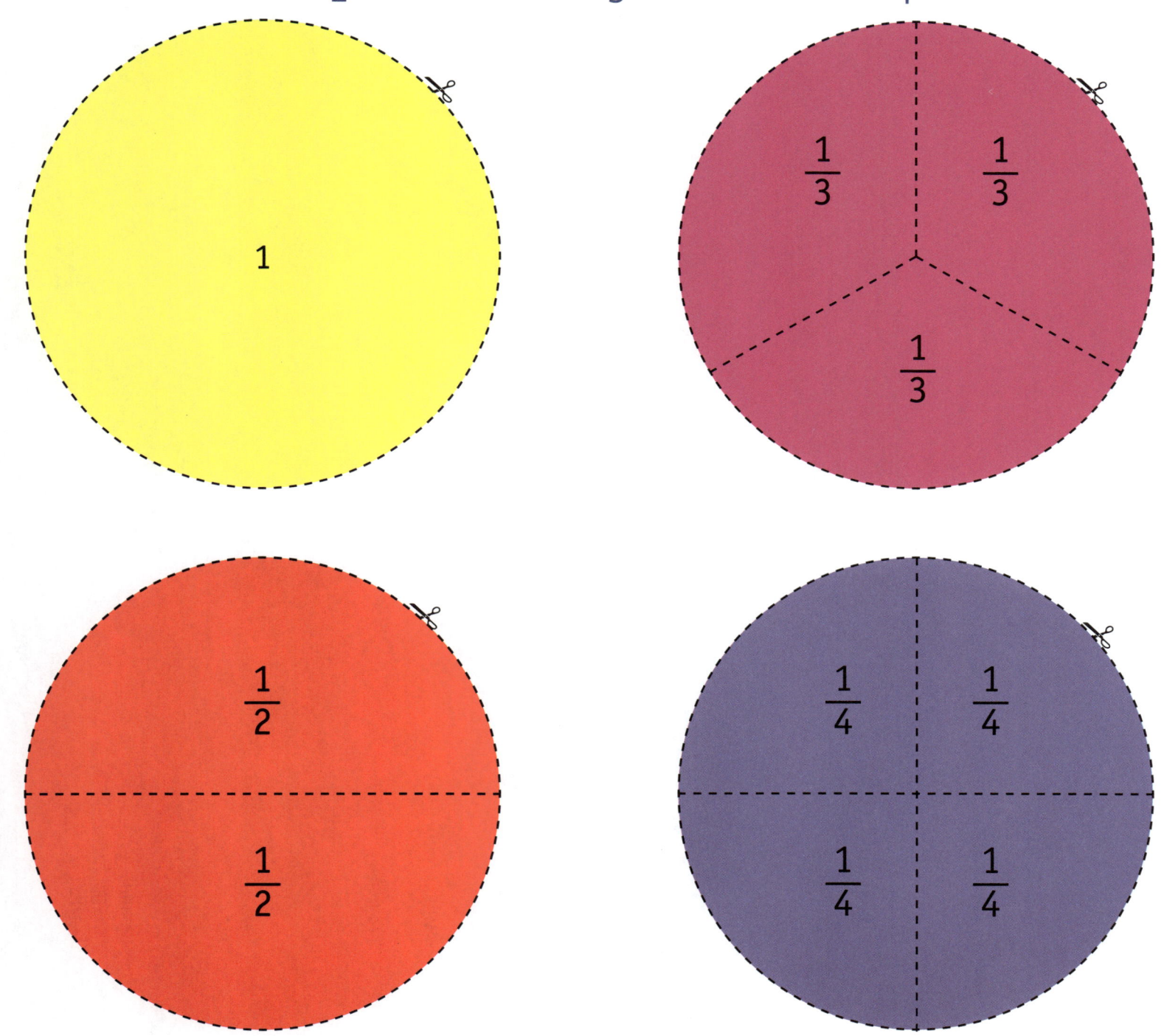

QUADRICULADO DE 1 CM